발효를 알아야 건강이 보인다

유익균으로 면역력을 키우고
병을 이기는 방법

발효를 알아야 건강이 보인다

2020년 7월 1일 초판 인쇄
2020년 7월 7일 초판 발행

지은이   박원석
펴낸이   유희정
편집   류석균
펴낸곳   (주)시간팩토리
주소   서울 양천구 목동로 173 우양빌딩 3층
전화   02-720-9696
팩스   070-7756-2000
메일   siganfactory@naver.com
출판등록   제2019-000055호(2019.09.25.)

ISBN 979-11-96814-11-3(03590)

이 도서의 국립중앙도서관 출판예정도서목록(CIP)은
서지정보유통지원시스템 홈페이지(http://seoji.nl.go.kr)와
국가자료종합목록 구축시스템(http://kolis-net.nl.go.kr)에서
이용하실 수 있습니다. (CIP제어번호: 2020026271)

소금나무는 (주)시간팩토리의 출판 브랜드입니다.

유익균으로 면역력을 키우고 병을 이기는 방법

발효를 알아야
건강이 보인다

박원석 지음

정보전달자의
책임과 소명

오랫동안 방송작가로 일해오던 나는 9박 10일의 단식 교육을 받고 몸과 의식이 변하면서 천지가 개벽하는 듯한 느낌을 받았다. 이로 인해 전혀 생소한 분야였던 자연의학과 자연건강법을 알게 되었고, 먹거리와 건강의 중요성을 깨달으면서 밥상을 바꿔 사람을 살리는 길에 나의 소명이 있음을 알았다. 먹기와 건강에 대해 이해하고 나니 지금까지 우리들이 먹고 있는 밥상은 썩어 있었다는 것을 알 수 있었다.

그런가 하면 처음 9박 10일의 단식 교육을 받을 때 나를 놀라게 한 것이 산야초 발효액이었다. 단식으로 몸과 마음을 비운 나에게 자연의 강인한 생명력이 담긴 산야초 발효액은 무한한 경외심까지 느끼게 했다.

산야초는 우리 인간을 위해 신이 자연 속에 숨겨 둔 최고의 약재이고, 이것을 발효시켜 먹는 것은 우리 몸이 자연과 하나 되는 길이었다. 나는 산야초 발효액의 놀라운 효과를 경험하면서 절대적인 예찬론자가 되었으며, 직접 산야초 발효액을 담가 주변에 보급하기도 했다.

산야초 발효액을 먹고 자연과 생명의 소중함을 깨달으며 절식, 먹을거리와 체질 개선을 통해 건강을 되찾은 사례를 흔히 접할 수 있다. 그래서 산야초 발효액이야말로 우리 몸을 살릴 최고의 약이자 먹을거리라고 굳게 믿는 사람이 늘고 있다.

또한 현미가 사람을 살린다는 사명감을 가진 많은 분의 노력에 의해 원래 우리의 주식主食이었던 현미를 찾는 사람도 크게 늘어나고 있다. 이제는 현미밥뿐만 아니라 현미 발효 식품을 통해 그 중요성이 더욱 일깨워지고 사람들에게 더 가까이 다가오고 있다. 그 대표적인 것이 급속하게 확산된 현미효소다.

이제는 효소에 대한 관심이 뜨거워졌고 본격적인 효소 열풍이 불기 시작했다. 많은 기업이 현미효소 제품 시장에 뛰어들었고 덩달아 산야초 발효액도 각광받기 시작했으며 효소 다이어트 제품도 쏟아져 나오고 있다. 그리고 효소를 밥처럼 먹어야 한다고 주장하는 사람들도 늘고 있다.

나는 현미효소를 먹고 잃었던 건강을 되찾은 사람을 무수히 목격했다. 이것은 내게 더할 나위 없는 보람이자 기쁨이기도 했다. 무엇보다 버섯균사체 배양효소를 접하면서 암과 난치병, 퇴행성질환에 대한 버섯의 놀라운 면역력을 깨닫고 미생물에 대해 본격적으로 공부를 하게 되었다. 미생물을 모르고 그동안 발효와 발효 식품, 건강을 얘기해왔다는 것 자체가 넌센스였다.

미생물의 세계를 알고 나니 발효가 보이고 효소가 보였다. 버섯효소 제품을 먹은 후 암과 난치병, 퇴행성질환에서 해방된 사람들을 보면서 버섯효소이야말로 현대의학으로 해결하지 못하는 각종 질병으로부터 사람을 구하기 위해 신이 준비해 둔 또 다른 선물이라는 것을 깨달았다.

그런가 하면 언제부터인가 우리 생활 속에 깊숙이 뿌리내리고 있는 EM효소는 자연과 환경, 국토, 건강, 경제를 살릴 수 있는 미래의 희망이되었다.

EM 유용미생물은 일상생활과 농수축산공업, 질병의 퇴치와 건강한 삶 등 우리 사회 전반에 엄청난 변화의 물결을 가져오고 있다. 이 EM을 만나면서 나는 미생물과 발효가 세상을 바꿀 수 있다는 더 강한 확신을 가졌다.

그렇다면 정보전달자인 내가 할 역할은 무엇인지 자명해졌다.

그동안 내가 습득한 미생물과 발효에 대한 모든 것과 새롭게 알아낸 많은 것을 보다 이해하기 쉽게 정리해 국민들에게 올바르게 전달하는 것이었다. 그래서 나는 그동안 준비해 왔던 효소에 대한 책을 써야겠다고 작정했다.

이 책을 쓰는 내내 나는 행복했다. 이 책에서 과도한 설탕 사용 때문에 문제가 되고 있는 산야초 발효액을 무설탕으로 발효시킬 수 있는 방법을 제시할 수 있었다. 또한 태초의 먹을거리인 현미를 각종 약초와 발효시켜 먹음으로써 영양의 불균형에서 오는 각종 난치병의 극복과 질병 치료를 위한 약초의 손쉬운 활용방안을 제시했다. 그리고 산야초나 각종 약용식물을 홍차버섯과 티벳버섯 등 버섯균사체 미생물로 가정에서 누구나 쉽게 배양시켜 먹는 방법 등도 담았다.

무엇보다도 세계인류문화유산이 된 김치의 종주국으로서 각종 약초와 한약재를 김치에 접목한 보약 김치의 개발도 제시할 수 있어 행복했다. 이 모든 것은 국민을 보다 더 건강하게 만들 수 있으리라 믿는다.

발효는 인간의 건강뿐만 아니라 자연과 환경, 국토, 경제를 살릴 수 있는 미래의 산업이다. 그리고 김치의 세계인류문화유산 등재가 말해주듯이 우리나라는 세계에서 으뜸가는 발효국가이고 우리는 발효민족이다.

지금처럼 발효와 효소 식품에 대한 열기가 뜨거운 적은 없었다. 각 가정마다 과일과 산야초로 발효액을 담고 있고, 의식 있는 시민단체와 영농단체는 물론 전국의 지자체들마다 미생물과 발효에 대한 대대적인 교육에 나서고 있다.

이 기회를 놓치지 말고 정부에서도 발효 산업을 체계적으로 뒷받침해서 대한민국을 세계에서 가장 경쟁력 있는 발효공화국으로 발전시켜 나가야 한다. 이것이 바로 우리 국민의 건강과 자연, 환경, 그리고 국토와 경제를 살리는 길이기 때문이다.

박원석

차례

CHAPTER 4   신이 주신 태초의 먹을거리! 현미와 현미효소

CHAPTER 8   효소야! 자자

CHAPTER 1

효소야!
놀자

효소는 모든 생명체의 몸속에서 대사과정에
촉매로 관여하는 단백질로 된 물질이다.
이것이 바로 효소의 정의다.

효소 바로 알기

효소,
진정 너는 누구냐?

효소는 모든 생명체의 몸속에서 대사과정에 촉매로 관여하는 단백질로 된 물질이다. 이것이 바로 효소의 정의다. 그러나 그동안 국내에서는 이에 대한 명확한 이론적 정리와 설명이 없어 많은 사람이 혼란스러워했다.

나는 지난 2008년 말까지만 해도 산야초 발효액에 대해 잘 알고 있었지만 유독 곡류 효소에 대해서는 생소했다. 다 같이 효소 식품이라고 부르는데 산야초 효소는 액상이고, 곡류 효소는 분말이나 과립이었다. 과연 무엇이 어떻게 다른 것일까. 나는 곡류 효소를 제조하는 분에게 문의했다.

"산야초 발효액과 곡류 효소는 무엇이 어떻게 다릅니까?"
그러자 그가 내게 되물었다.
"그 산야초 발효액이라는 것은 어떤 것입니까?"
내가 곡류 효소에 대해 잘 모르고 있었던 것처럼 그 역시 산야초 발효액에 대해 전혀 모르고 있었다. 산야초 발효액에 관해 알고 있는 것을 설명하자 그가 단정적으로 말했다.
"그렇다면 그 산야초 발효액라는 것은 효소가 아닙니다!"
아니 사람들은 다 효소라고 부르고 있고 그렇게 알고 있는데 효소가 아니라고?

"그건 효소가 아니고 고칼로리의 영양소가 든 발효액이라고 부르는 것이 맞습니다. 효소는 화학반응을 일으키는 물질로 발효가 되면 소멸합니다."

효소는 화학반응을 일으키는 물질로 발효가 끝나면 다 소멸된다고? 그게 사실일까? 설명을 듣고 보니 그런 것 같기도 했다.

효소 회사의 연구원도 같은 말을 했다.

"산야초 발효액에 효소라는 말을 쓰면 안 됩니다. 일본의 한 효소학회에서 만난 사람들에게 왜 일본인들은 산야초 발효액을 효소라고 부르냐고 물었더니 그들도 잘 모르겠다며 예전부터 써왔기 때문에 그렇게 부를 뿐이라고 말하더군요."

그들이 이처럼 확신에 찬 어조로 곡류 효소가 효소이며, 산야초 발효액은 효소가 아니라고 단정했기 때문에 나 역시 그렇게 받아들일 수밖에 없었다.

사실 당시만 해도 대부분의 사람은 효소에 대해 잘 모르고 있었다. 효소를 안다고 하는 사람들도 모두 아전인수식 해석뿐이었다. 즉 곡류 효소를 만드는 사람들은 곡류 효소만이 진짜 효소라고 했고, 산야초 발효액을 만드는 사람들은 산야초 발효액이 진짜 효소라고 주장했다.

도대체 뭐가 사실이란 말인가. 그러면서 효소는 열에 약해 섭씨 40℃가 넘으면 사멸한다고 했다. 뭐가 사멸한다는 말인가. 그렇다면 효소가 살아 있는 물질이란 말인가.

참 많이 혼란스러웠다. 무엇보다도 확실한 자료나 뚜렷한 가이드가 없었다. 효소를 연구한 박사, 자칭 효소 전문가라고 하는 사람 그리고 곡류 효소나 산야초 발효액을 오랫동안 만들거나 담가온 사람들도 명쾌한 설명을 하지 못했다.

특히 그 무렵 효소에 관해 일본 의사들이 쓴 책들이 베스트셀러가 되어 팔리고 있었지만, 이들은 생식을 통해 섭취하는 과일과 채소 효소의 중요성만을 강조할 뿐 곡류 효소에 대한 말은 일절 언급조차 하지 않았다. 이들의 주장을 보면 곡류 효소보다 산야초 발효액이 효소에 더 가깝다는 생각이 들기도 했으나 그저 자기들만의 지식과 경험, 지론에 불과해서 어느 것이 옳은지 알 수 없었다.

효소에 대한
불편한 오해

나는 그 당시 곡류 효소 식품 사업에 동참하면서 사람들에게 산야초 발효액은 효소가 아닌 발효액이며 고칼로리의 영양소라고 교육을 했고, 이런 내용이 담긴 책도 펴냈으며 신문에 광고까지 했다.

그러나 시간이 흐르면서 곡류 효소와 산야초 발효액, EM효소, 버섯효소, 효소 다이어트 식품, 각종 영양소와 효소의 작용 그리고 무엇보다 미생물과 발효에 대해 취재하고 공부하면서 그때까지의 생각이 큰 오류였고 착각이었다는 것을 깨달았다.

그러자 의문을 품어왔던 모든 것에 대한 불확실성의 안개가 걷히기 시작했다. 효소가 무엇인지 물리적·화학적 이론을 안다고 해도 발효에 있어서 미생물과 발효의 원리, 영양소의 역할 등을 모르고 효소를 이야기한다는 것은 장님이 코끼리를 만지는 격이었다.

효소를 연구하는 사람들은 효소의 생리활성작용과 곡류 효소에 들어있는 소화효소의 뛰어난 성분, 보효소로써 중요한 비타민과 미네랄 등의 영양소에 대해서는 잘 알고 있었다. 하지만 그들은 산야초가 무엇이며 산야초 발효액이 어떤 성분으로 구성되어 있고 우리 몸속에 들어가 보효소로써 어떻게 효소의 작용을 돕고 체내효소를 만드는 데 기여를 하는지 전혀 생각하지 않고 있었다.

곡류 효소를 만드는 사람들은 이론적으로 체외효소와 체내효소의 중요성, 그 역할에 대해서는 잘 알고 있지만, 대부분 곡류 효소를 비롯한 체외효소가 곧 체내효소라는 착각을 하고 있었다.

섭씨 40℃가 넘으면 효소는 사멸하기 때문에 생채소와 생과일, 생고기를 먹어야 한다는 것은 채식주의자의 관점에서 본 논리였다. 효소는 물과 만나면 생화학반응을 일으켜 변한다는 것은 맞는 말이긴 하지만, 그것은 가공한 곡류 효소에 해당되는 말이었다.

산야초 발효액에는 유산균을 비롯한 미생물이 없기 때문에 발효가 되지 않아 효소라고 할 수 없고, 단지 설탕절임물에 지나지 않는다는 주장은 산야초의 영양소가 우리 몸속에 들어와 체내효소의 생성에 어떤 기여를 하는지 기본도 모르고 하는 이야기였다.

곡류 효소에는 전분을 분해하는 아밀라아제와 단백질을 분해하는 프로테아제가 없기 때문에 효소 식품이라고 할 수 없고 소화제보다 못하다는 말 역시 효소의 역할을 소화효소의 관점에서만 바라본 억지 논리였다.

미생물과 발효, 효소와 영양소에 대해 취재하고 공부하면서 효소에 대해 말하는 사람들의 대부분이 나무만 보고 숲을 보지 못하는 우를 범하고 있음을 깨달았다. 그러다 보니 생채소와 생과일 발효액의 효용성을 주장하는 생채식 옹호론자들과 매실을 비롯한 과일 발효효소나 산야초 발효액 옹호론자들은 그들이 만든 효소만이 효소의 전부인 것으로 안다. 또 곡류 효소를 만들면서 곡류 효소 붐에 편승한 사람들은 곡류 발효효소만이 효소의 전부인 것처럼 이야기한다. 여기에는 물론 상업적 이기주의가 깔려 있는 것도 부인할 수 없는 사실이다.

이 모든 것은 객관적 연구가 부족하고 서로가 자신들만의 시각 안에 갇혀 있기 때문에 생긴 편협한 생각이며, 이로 인해 혼란스러운 것은 일반 국민들이다.

산야초 발효액이 우리나라에 본격적으로 보급되기 시작한 것은 그 효능에 비해 비교적 최근의 일이다. 일본에서는 비교적 일찍 보급되었지만, 우리나라는 1980년대를 전후해서 산야초 발효액을 담그는 사람들이 생겨나기 시작해 역사가 일천하고 효소에 대한 체계적인 연구나 이론은 전무하다시피 했다.

곡류 효소 또한 1980년대 국내 한 업체가 일본에서 종균을 들여와 현미효소를 생산해 판매하면서 한때 붐을 이루는가 싶더니 이내 시들해져서 관심을 갖는 사람이 많지 않았다.

그러던 것이 2009년 내가 경영을 맡았던 효소 제품 회사가 다시 현미효소를 판매하면서 내 기획과 권유로 〈현대인은 효소를 밥처럼 먹어야 한다〉는 책을 펴내고 대대적으로 홍보하면서부터 효소 붐이 시작되었다고 해도 과언이 아니다.

이처럼 체계가 전혀 잡히지 않은 상태에서 효소 식품이라는 이름의 각종 발효 식품과 다이어트 제품이 쏟아져 나왔고, 종편까지 가세해 효소 논쟁에 불을 지피다 보니 사람들이 혼란스러워 하는 것은 당연한 일이다.

효소 비밀
벗기기

우리는 효소에 대해 얼마나 알고 있을까. 그럼 이제부터 효소를 한번 벗겨 보자.

효소酵素는 사전적 의미로 각종 화학반응에서 자신은 변화하지 않으나 반응 속도를 빠르게 하는 단백질을 말한다. 즉 단백질로 만들어진 촉매로서 영어로는 엔자임Eenzyme이라고 부른다. 이 엔자임이라는 말은 그리스어로 효모인 이스트Yeast를 뜻한다.

효소에 대한 연구는 1700년대 말과 1800년대 초 시작됐다. 당시 식물의 추출물과 사람의 침 속에는 녹말을 당으로 바꾸는 물질이 있으며, 고기는 위장에서 소화가 이뤄진다는 사실이 알려졌다. 그러다 19세기말 루이 파스터는 당이 효모에 의해 알코올로 바뀐다는 것을 밝혀냈고, 1926년 제임스 섬너는 콩으로부터 분해효소인 우레아제Urease를 순수한 결정체로 분리하는 데 성공, 그것이 단백질임을 확인했다. 또 1930년 존 놀쓰놉과 웬델 스탠리는 펩신과 트립신, 키모트립신을 연구하던 중 순수한 단백질이 효소가 될 수 있음을 증명했다. 이 세 학자는 이에 대한 공로로 1946년 노벨화학상을 수상하기도 했다.

주성분이 단백질인 효소는 온도와 산도酸度, 즉 pH의 변화에 매우 민감하게 반응한다. 온도가 10℃ 증가할 때마다 반응 속도는 약 2배씩 증가하는데, 어느 단계 이상으로 높아지면 반응 속도가 급격히 떨어진다. 그 이유는 온도가 너무 높으면 효소의 주성분인 단백질의 성질이 변하기 때문이다. 일반적으로 효소는 인체의 체온 정도에서 가장 잘 활성화된다.

또한 각각의 효소마다 자신의 작용에 맞는 최적의 pH가 존재하고, 이 최적의 pH 범위를 벗어나면 활성도가 약해진다. 대체로 효소는 중성 pH에서 잘 작용하는데, 침 속에 들어 있는 전분 분해효소인 아밀라아제Amylase는 pH7에서 잘 작용한다. 또 위장의 주세포에서 분비되는 소화효소인 펩신Pepsin은 pH2, 췌장에서 분비되는 단백질 분해효소인 트립신Trypsin은 pH8에서 가장 잘 작용한다.

산도는 pH가 낮을수록 강해진다. 따라서 위의 pH가 낮은 것은 강력한 산성으로 음식물을 통해 들어오는 세균과 바이러스, 기생충을 살균하기 위한 것이다.

이것만 봐도 체외효소 식품 속에 효소가 살아 있다는 말은 성립되지 않는다. 설령 살아 있다고 해도 이 강력한 산도에 의해 곧바로 위에서 사멸되기 때문이다. 그동안 국내의 많은 의학자와 화학자가 이 부분을 강조했지만 상업적 이기주의를 내세운 사람들의 혹세무민 때문에 가려지고 말았다.

분해효소의
명칭과 역할

효소의 이름은 효소가 작용하는 기질과 대상 물질의 이름 뒤에 프랑스어인 '아제(-ase)'를 붙여 사용하기로 국제적인 합의가 이루어졌다. 대표적인 효소로서 전분 분해효소인 아밀라아제와 단백질 분해효소인 프로테아제, 지방 분해효소인 리파아제, 섬유질 분해효소인 셀룰라아제의 예를 들어보자.

먼저 아밀라아제Amylase의 '아밀Amyl'은 녹말이라는 뜻이다. 아밀라아제는 다당류를 가수분해하는 효소로서 작용양식에 따라 α-아밀라아제와 β-아밀라아제, 글루코아밀라아제의 3종으로 나눈다. 우리 입 안의 침 1ℓ 속에는 약 0.4g의 아밀라아제가 들어 있다. 침이나 위액 속의 아밀라아제는 녹말을 분해하기 때문에 소화작용에 있어서 반드시 필요한 효소다. 이 아밀라아제는 고등동물뿐만 아니라 전분을 먹이로 하는 고등식물과 곰팡이, 세균 등 자연계 생물의 몸속에도 널리 분포해 있다. 그래서 누룩곰팡이 발효액으로 소화제를 만들기도 하고, 곰팡이 아밀라아제로 녹말을 분해해 포도당을 만들기도 한다.

단백질 분해효소인 프로테아제Protease 역시 '프로테Prote'의 뜻이 단백질이다. 단백질과 펩타이드의 결합을 분해하는 효소작용을 하기 때문에 일반적으로 단백질 분해효소라고도 부르고 있다. 이 프로테아제는 동식물의 조직이나 세포, 미생물의 몸속에 널리 존재하고 있다. 이는 고기를 먹으면 몸속에서 분해시켜야 하기 때문이다.

지방 분해효소인 리파아제Lipase의 '리파Lip'는 프랑스어 표현으로 지방脂肪이라는 뜻이며, 지방을 지방산과 글리세롤로 분해하는 효소이다. 리파아제는 동물의 소화효소로서 위액과 췌장액, 장액 속에서 분비되며, 폐와 신장, 부신, 지방조직, 태반 등의 각종 조직에도 들어 있다. 식물 가운데는 밀과 아주까리, 콩 등의 종자와 곰팡이, 효모, 세균 등에도 들어 있다.

섬유질 분해효소인 셀룰라아제Cellulase는 식물 세포벽의 주요 성분을 구성하는 당류, 섬유소纖維素인 '셀룰로오스Cellulose'를 분해하는 효소다. 셀룰라아제는 곰팡이류와 토양세균, 효모, 연체동물, 고등동물에 존재하며, 공업용인 알칼리 셀룰라아제는 세제용으로 사용되고 있다. 그런데 펩신이나 트립신처럼 이름 뒤에 '아제(-ase)'가 붙지 않은 이유는 기질 뒤에 아제를 붙이기로 결정한 그 이전에 명명되었기 때문에 이미 정해진 이름 그대로 부르기로 해서 계속 통용되고 있다.

효소의
반응 속도와 조건

효소는 반응 속도가 어찌나 빠르고 또 대단한지 매우 놀랄 정도다. 극히 적은 양의 효소라고 할지라도 순식간에 엄청난 양의 물질을 화학적으로 변화시키거나 화학반응을 촉진시킨다. 그런 한편으로 효소 그 자신은 반응에 의해 소모되지 않고 계속 반응을 일으키는 특징이 있다. 예를 들어 특정 미생물에서 추출한 아밀라아제 1g은 1.5톤이나 되는 녹말을 60℃의 온도에서 15분 동안에 모두 분해 발효시키기도 한다. 대량의 막걸리를 일정한 맛으로 제조할 수 있는 것도 이 때문이다.

공기를 마시며 살아가는 거의 모든 생물의 몸속에는 카탈라아제 Catalase라는 효소가 있다. 카탈라아제는 과산화수소가 분해되어 물과 산소가 만들어지는 반응을 촉매하는 효소로서 우리 몸속의 간과 적혈구, 신장에 들어 있다. 그런데 한 분자分子의 카탈라아제는 5백 40만 분자의 과산화수소를 20℃의 온도에서 단 1분 내에 모두 분해할 만큼 효소의 반응 속도가 빠르다.

　실제로 고래가 수십 마리의 물개를 통째로 삼키거나 뱀이 살아 있는 쥐와 심지어 악어 같은 큰 먹이를 산채로 통째로 삼켜도 고래와 뱀의 위 속에서 저절로 분해 소화가 된다. 그것은 그 먹이의 몸속에 있는 효소와 고래와 뱀의 몸속에 있는 소화효소가 강력하고 빠른 반응 속도로 분해 소화해서 영양분으로 바꾸기 때문에 가능한 현상이다.

효소의 반응 속도는 육안으로도 직접 확인할 수 있다. 아밀라아제와 프로테아제, 리파아제, 셀룰라아제가 많이 들어 있는 곡류 분말 효소를 물에 말은 밥이나 돼지 삼겹살 위에 뿌리면 밥알과 고기의 지방, 근육이 빠른 속도로 화학반응을 일으켜 분해되어 죽처럼 변하는 것을 볼 수 있다. 이들 분해효소 성분의 역가力價가 높은 곡류 분말효소는 30분 정도면 밥알과 고기가 점차 분해되어 서서히 죽으로 변하는 것이다.

효소의 단위는 무게나 부피가 아닌 역가, 즉 활성능력으로 표시된다. 이 역가는 효소를 만들어 내는 미생물의 종류와 능력, 효소 제품 회사의 생산 방법과 기술력에 따라 차이가 있다. 현재 시중에 나와 있는 효소 제품을 수집해서 역가를 측정해 보면 그 차이가 현저하다. 심지어 역가가 전혀 측정되지 않는 제품도 있다.

역가가 높다고 해서 반드시 좋은 효소 제품이라고 할 수 없다. 역가가 지나치게 높은 효소 제품은 오히려 발열과 구토, 변비, 설사, 어지럼증 등의 부작용을 일으키고, 폐와 호흡기질환 환자에게 나쁜 영향을 미친다. 이런 효소 제품은 약과 다를 바 없어서 약을 계속 먹으면 내성이 길러지듯이 부작용이 생길 수 있다. 실제로 역가가 높은 효소 제품을 먹으면 처음에는 소화능력이 개선되는가 싶다가도 이내 원상태로 돌아오는 경우가 있고, 예전에 없었던 심한 변비에 시달리기도 한다.

좋은 효소 식품이란 소화가 잘 되고 영양소의 흡수가 잘 되게 돕는 발효 식품이어야 한다. 따라서 역가가 높다고 좋아하기보다 안전성이 의심되는 제품은 역가와 상관없이 섭취해서는 안 될 제품인 것이다. 아울러 대장균이 검출되는 효소 제품도 유통되고 있기 때문에 각별한 관심이 필요하다.

몸속에서 효소가 반응하는 조건은 사람에 따라 각각 다르다. 우리 몸속에는 약 5천여 종의 효소가 존재하고 있다. 그리고 한 세포 안에 들어 있는 효소의 종류는 세포 내 물질의 수와 거의 같은데, 한 가지 효소는 한 가지 물질에만 작용해 대사작용을 거쳐 생체물질로 전환시킨다. 즉 어떤 영양소가 몸속으로 들어가면 여기에 맞는 특정 효소가 결합해야 한다. 그렇지 않으면 흡수가 되지 않는다. 이처럼 서로 맞는 기질끼리 결합하는 효소의 성질을 '기질基質의 특이성'이라고 한다.

홍삼을 먹으면 홍삼을 분해해서 흡수하는 효소가 있고, 우유를 마시면 우유를 분해하는 효소인 락타아제가 있다. 자신의 몸속에 이 홍삼과 우유를 분해 흡수하는 효소가 없거나 부족한 사람은 백날 먹어도 분해 흡수가 되지 않는다. 술 역시 마찬가지다. 숙취의 주범인 아세트알데히드를 분해하는 효소가 부족한 사람은 한두 잔의 술만 마셔도 얼굴이 붉어지면서 취하게 되는 것도 같은 이치다.

체외효소의
종류

우리 몸속에서 만들어지는 체내효소를 제외하고 외부로부터 들어오
는 체외효소에는 크게 나눠 식물 효소와 동물 효소, 곡류 효소, 산야
초 발효액, 정제精製 효소 등이 있다.

먼저 식물 효소는 각종 식물의 잎과 줄기, 뿌리, 열매 등에 들어 있
는 식물 고유의 생리활성물질이다. 과일의 과즙, 채소의 녹즙 등에 많
이 들어 있고 산야초를 비롯해 모든 식물에 들어 있는 효소를 말한다.

동물 효소는 동물에서 추출한 효소로 인체에 유용하게 이용할 수
있는 효소다. 대표적인 동물 효소로는 소나 돼지의 췌장에서 추출한
판크레아틴Pancreatin이 있는데, 이 판크레아틴은 탄수화물과 지방, 단
백질의 분해력이 있는 효소로서 소화제로 이용되고 있다.

곡류 효소는 현미나 대두, 율무 등의 곡류에 미생물을 접종해 발
효시켜 만든 가공 효소다. 곡류 효소는 미생물로 곰팡이 균주나 박테
리아 종류를 사용하는데, 일반적으로 누룩곰팡이인 아스페르질러스
Aspergillus종의 균주를 주로 사용한다. 그러나 곰팡이류 균주로 만든 일
부 효소 제품에서 부작용이 드러나고 있기 때문에 제품 선택에 있어
서 신중을 기해야 한다. 또 곡류 효소에는 유산균으로 발효시킨 유산
균 효소, EM이나 버섯균사체로 발효시킨 효소 제품 등이 있다.

산야초 발효액은 과일이나 채소, 산과 들에서 자라는 다양한 산
야초에서 얻을 수 있는 식물 효소다. 원래 산야초 발효액이라는 말 자

체가 없지만 일반인들이 이 같은 뜻으로 많이 사용하기 때문에 생겨
난 것으로 이해하면 된다.

그리고 정제 효소는 생물체 내에 존재하는 수많은 단백질 효소
가운데 원하는 어떤 한 가지 효소만을 원래의 활성을 가진 형태로 얻
어내 정제한 것을 말한다. 정제 효소는 순도가 매우 높기 때문에 의
약품과 연구용, 산업용으로 사용되며 식품에 첨가하기도 한다. 대표
적인 정제 효소로는 파인애플 줄기에 많이 들어 있는 식물성 단백질
분해효소인 브로멜린Bromelin과 파파야 열매에 많이 들어 있는 식물성
단백질 분해효소인 파파인Papain이 있다.

효소는 모든 살아 있는 생명체뿐만 아니라 물과 공기 속에도 들어 있
다. 물속의 효소는 열에 약해서 가열을 하게 되면 활성을 잃고 다른
물질과 화학적 반응을 하지 못하게 된다. 그래서 물을 끓이게 되면 효
소가 없어지기 때문에 끓인 물을 식혀 어항에 넣으면 물고기가 죽고
화분에 뿌리면 화초가 시든다. 또 공기 속의 효소는 효소의 어머니인
효모酵母에 들어 있다. 이 미생물인 효모균의 세포벽을 이루고 있는
것이 바로 효소다.

효모는 공기 중에 떠다니다가 자신의 생육에 적합한 곳이면 달라
붙어 화학반응을 일으키기 시작한다. 이것이 발효이며 부패다. 청국
장이나 메주를 띄울 때 달라붙어 발효를 시키는 것이 바로 이 공기 속
의 효모와 곰팡이다.

효소는 미생물이 생육할 수 있는 환경이면 미생물에 의해 어디에서
나 만들어진다. 국균麴菌이나 유산균乳酸菌, 효모酵母, 고초균枯草菌, 흙이

나 동식물체, 하천 등에 존재하는 미생물인 방선균放線菌, 태양광과 합성하며 자라는 광합성균光合成菌 등이 특정 물질을 분해하고 고유의 효소 반응으로 유용물질을 생성하면 그것이 곧 효소 식품이다. 이 효소 식품이 우리 몸속에서 소화 흡수를 돕고 체내효소의 도움으로 영양소로 변하며, 이 영양소가 체내효소를 만들어 신진대사를 비롯한 몸의 생리활동을 영위하게 만드는 것이다.

체외효소와
체내효소의 차이

체외효소體外酵素와 체내효소體內酵素의 역할을 명확히 구분할 필요가
있다. 효소가 어렵고 헷갈리며 혼란을 일으키는 것은 체외효소와 체
내효소를 명확히 구분하지 못하기 때문이다.

　체외효소는 몸 밖에 있는 공기와 물, 음식물을 통해 몸속으로 들
어와 소화작용을 돕고 영양소의 흡수가 잘 되게 도와주며 영양소가
되는 물질이다. 체내효소는 간과 췌장 등 몸속에서 비타민과 미네랄
등의 영양소로 만들어져 신진대사와 생리작용을 수행하는 촉매觸媒다.

우리가 먹는 음식물이 우리 몸을 만든다. 3대 영양소인 탄수화물과
지방, 단백질 가운데 탄수화물과 지방은 몸속에서 에너지의 원료가
되고, 단백질은 각종 세포를 만드는 원료다. 섬유질은 식물이나 해조
류 등의 광합성을 하는 생물들의 몸을 구성하는 주된 물질이다. 이 중
우리가 섭취할 수 있는 섬유질을 식이섬유라고 하는데 채소나 과일,
해조류 등이 이에 해당한다.

초식동물은 몸속에 셀룰라아제라는 소화효소가 있기 때문에 볏짚이
나 풀 등을 먹어도 섬유질 성분을 잘 소화한다. 하지만 인간은 몸속
에서 셀룰라아제를 만들지 못하기 때문에 대부분의 섬유질은 소화되
지 않거나 대장에 살고 있는 대장균에 의해 분해된다. 그러나 섬유질

은 분해된 음식물이 대장을 통과하는 시간을 단축시키고 수분을 유지시켜 주며, 대장을 깨끗하게 청소해 쾌변을 도와준다. 섬유소는 자신의 무게보다 훨씬 많은 수분을 흡수해 대변의 양을 늘어나게 하고 부드럽게 하며 장의 연동운동을 촉진하기 때문에 배설을 쉬워지게 만든다. 따라서 영양소는 아니지만 섬유질의 역할도 중요한 것이다.

우리 몸속에서 탄수화물과 지방, 단백질을 소화시키고, 이것을 에너지와 세포로 변환하는 역할을 하는 것이 바로 효소다. 그래서 소화에서 신진대사, 모든 생리작용에 관여하는 전방위 촉매물질이 효소이기 때문에 효소를 제대로 이해하는 것이 어렵다. 그리고 체내효소를 만드는 것이 비타민이고 미네랄이며, 효소와 함께 에너지를 만드는 것 역시 비타민과 미네랄이다. 그래서 효소를 '엔자임Enzyme'이라고 하며, 비타민과 미네랄은 체내효소를 만들고 돕는다는 뜻의 보효소補酵素인 '코엔자임Coenzyme'이라고 부르고 있는 것이다. 단, 비타민과 미네랄이 단순히 효소의 보조 역할을 한다는 뜻의 보효소는 아니다.

효소가 없으면 비타민과 미네랄은 아무 역할을 못하는 것이 아니라 몸속에서 체내효소를 만든다. 그리고 비타민과 미네랄이 각각의 영양소로써 그 역할을 잘할 수 있도록 돕는 것이 바로 체내효소다. 따라서 탄수화물과 지방, 단백질은 충분한 양의 체외효소와 섭취해야 몸속에서 소화작용과 영양소의 흡수를 돕고, 아울러 비타민과 미네랄을 함께 먹어야 체내효소가 잘 생성된다. 이렇게 해야만 효소가 비타민, 미네랄과 함께 탄수화물과 지방을 에너지로 만들고 단백질을 세포로 만들어 신진대사를 원활하게 수행하게 되는 것이다.

체내효소의
역할

효소를 '생명의 불꽃'이라고 하듯이 살아 있는 모든 생명체 속에는 효소가 있다. 생채소와 생과일, 생고기를 통해 우리는 생명체 속에 들어 있는 효소를 섭취한다. 그러나 다시 강조하건대, 이들 생체生體 속에 들어 있는 체외효소를 먹는다고 해서 그것이 몸속에서 고스란히 체내효소로 변하는 것이 아니다. 단지 체외효소는 그 음식물을 소화 흡수가 잘 되게 돕는 촉매제에 불과하다. 마찬가지로 아밀라아제와 프로테아제, 리파아제가 함유된 곡류 효소를 먹는다고 해서 이 분해효소가 몸속에서 고스란히 체내효소로 변하는 것도 아니다.

그렇다면 체내효소는 우리 몸속에서 어떤 역할을 할까. 우리가 먹는 음식물은 몸속에서 잘 소화돼 필요한 영양분만을 뽑아내 체내로 공급해야 한다. 맛있는 음식을 먹는다고 해서 그 음식이 저절로 에너지나 칼로리 등으로 바뀌는 것이 아니다.

몸속에서 이 역할을 하는 어떤 물질이 반드시 있어야 하며, 이 일을 수행하는 일꾼이 바로 체내효소다. 영양분을 운반해서 새로운 피와 세포를 만들고, 뼈와 살을 만들고, 숨쉬고, 성장하고, 질병을 예방하는 등 우리가 살아가는 모든 행위, 신진대사와 생리작용은 반드시 체내효소가 끼어들어야만 모두 가능하다. 이 때문에 흔히 체내효소의 역할을 집을 짓는 건축공과 비유하곤 한다.

집을 짓기 위해서는 벽돌과 시멘트, 모래, 나무, 철근 등 각종 건축 자재가 있어야 하는데, 이 건축 자재가 곧 음식물이며 건축 자재로 집을 짓는 건축공이 체내효소다. 그런가 하면 모래와 시멘트, 벽돌로 담을 쌓는 미장공도 체내효소에 비유할 수 있다. 모래와 시멘트, 벽돌이라는 건축 자재가 있어도 미장공이 없으면 담을 쌓을 수 없듯이 아무리 맛있는 음식물도 효소가 없으면 내 몸의 피와 살이 되지 못한다.

여기서 좀 더 세분해 보면, 벽돌과 모래, 미장공만 있다고 해서 담을 쌓을 수가 없다. 반드시 시멘트가 있어야 한다. 그러므로 집을 짓는 데 있어서 체내효소는 건축공의 역할을 하기도 하고, 미장공과 시멘트, 나무와 나무를 연결해 주는 매개체인 못도 될 수 있다.

이 일에 대한 명령은 신체 설계도에 따라 DNA가 내리고, 세포 분열의 중심기관인 핵산이 수행한다. 하지만 유전자가 아무리 명령을 내려도 이 일을 촉매하는 체내효소가 없다면 그 어떤 생리화학작용도 일어날 수 없다. 효소를 '생명의 촉매' 혹은 '인체 내 모든 생리작용의 중간매개체이자 연결고리'라고 하는 이유가 바로 여기에 있다.

체내효소는 혈액을 타고 우리 몸속에 존재하면서 뇌와 간, 심장, 폐, 장 등 조직과 기관을 만들고, 세포 내에서 에너지를 생성하는 활동에 관여하며, 먹고 마시고 걷고 잠자는 모든 행위를 가능하게 만든다. 또한 체내효소는 보고 듣고 냄새 맡고 맛보고 만지는 등 인체의 오감五感을 신경을 통해 뇌에 전달해서 정보를 처리하도록 돕는다. 이로 인해 의식적이거나 무의식적인 반사작용까지도 나타나게 한다.

우리 몸은 피부와 근육, 각종 장기, 뇌, 뼈, 머리카락, 손톱 등 약 60조에서 100여 조 개의 세포로 구성되어 있다. 이 중 하루 2% 정도가 계속 건강한 새 세포로 바뀌고 있다. 이것이 바로 신진대사다. 신진대사가 이루어지면 우리 몸은 자연히 건강해지고 면역력 또한 강해지게 되는데, 이 모든 기관의 신진대사를 촉매하는 것이 바로 체내효소다.

체내효소는 혈액과 내분비계 조직을 만들고 몸속의 독소를 해독하는 항산화작용을 수행하며 항염작용으로 염증의 치료를 돕는다. 또 상처가 났을 때 피가 저절로 멎게 하고 아물게 만들며, 세균이 침입했을 때 백혈구가 퇴치하도록 돕는 응원군이 체내효소다.

효소는 질병의 진단과 신물질의 추출, 합성 등 각종 실험에도 널리 이용되고 있다. 건강검진을 할 때 피를 뽑아 효소반응으로 질병의 유무를 진단하며, 특정 물질의 성분 검사를 할 때나 새로운 물질을 개발할 때도 효소를 반응시켜 결과를 얻어낸다. 또한 효소는 우리 일상생활의 많은 분야 속에 이미 오래전부터 광범위하게 사용되고 있다. 소화제는 물론 공업용 효소는 빨래용 세제, 변기나 욕조 등을 청소하는 세정제에 사용되는 등 헤아릴 수 없을 정도로 많다.

효소는 생명력이다. 인간을 건강하게 만들고 자연과 환경을 깨끗하게 만든다. 우리 몸속에 체내효소가 풍족하면 신진대사가 잘 이루어져 건강해지고 노화도 천천히 진행되며 수명 또한 길어진다. 그러나 체내효소가 부족하면 면역력은 떨어지고 질병에 취약해지게 되며 노화는 빨리 진행되고 수명은 짧아진다. 따라서 수많은 영양소 가운데서도 효소야말로 우리 인간의 건강과 활동, 노화, 수명에 영향을 미치는 가장 중요한 영양소라고 할 수 있다.

화식|火食|과 효소의
상관관계

언제부터인가 곡류 효소 제품을 제조·판매하는 사람 가운데 일부가 불로 조리한 음식, 즉 화식火食에는 효소가 없다고 주장하고 있다. 과연 화식에는 효소가 없는 것일까. 이것은 효소의 개념을 제대로 이해하지 못하는 사람들의 주장이다. 생식, 즉 날로 먹는 것에만 효소가 살아 있다고 하는 말은 주로 채식주의자들인 의사들이 많이 하고 있다. 이들은 섭씨 40℃ 이상이면 효소가 죽기 시작한다고 하는데 이것도 모순이 있다. 사실 우리 몸에 필요한 체내효소, 즉 소화효소와 대사효소는 몸속에서 필요한 만큼 잘 만들어지고 있다는 것이 그동안 현대의학이나 영양학, 생물학의 정통 입장이었다.

그러나 이런 입장과 달리 미국 의사인 에드워드 하웰 박사는 현대인들이 과거에 비해 몸속에 효소가 많이 부족하고 그 원인이 화식에 있다는 주장을 펼쳤다. 그는 과학적인 연구와 데이터를 통해 효소가 인간의 삶과 건강에 있어서 얼마나 큰 역할을 하는지 설득력 있는 정보를 제공하면서 효소의 중요성을 역설했다. 그는 20대 청년에 비해 80대 노년은 전분을 분해하는 소화효소인 아밀라아제 효소가 적게는 2배, 많게는 30배까지 부족하다고 논문에서 소개하고 있다.

그런가 하면 일본 의사들에 의하면, 노년은 소화효소가 아닌 신진대사에 쓰이는 대사효소도 청년보다 30배 정도 낮다고 보고하고 있다. 즉 나이가 들면 효소의 부족으로 인해 먹은 음식을 소화시키는 능력이 현저하게 줄어들고 신진대사도 크게 떨어진다는 것이다.

하웰 박사는 현대인에게 효소가 부족한 이유 중의 하나를 화식에서 찾았다. 생활수준의 향상으로 생식보다는 화식이 보편화되면서 음식물을 익혀 먹는 식습관이 효소 부족 현상을 야기했다는 것이다.

뿐만 아니라 채식과 생식을 옹호하는 학자들은 단백질인 효소는 온도가 섭씨 40℃, 혹은 60℃ 이상 올라가면 파괴되어 그 활성을 잃는다고 주장하였다. 음식을 익혀 먹게 되면 열에 상대적으로 영향을 덜 받는 미네랄 등에 비해 체외효소는 100% 파괴되기 때문에 음식 자체에 들어 있는 효소의 도움을 전혀 받지 못하게 된다는 것이다. 이렇게 되면 음식물을 소화시키기 위한 효소는 전적으로 몸에서 다 만들어 충당해야 하는데, 그 생산량에 한계가 있기 때문에 이것이 만성적인 체내효소 부족 현상을 불러온다고 주장한 것이다.

그 한 예로 소화효소를 생산하는 사람의 췌장이 전체 몸무게에서 차지하는 비중이 풀만 먹는 초식동물의 췌장보다 그 비율이 2~3배나 크다는 연구 결과를 제시하고 있다. 췌장은 소화효소를 분비하는 기관인데 섭취한 음식물에 효소가 없어서 췌장이 모든 소화효소를 더 만들어 내느라 이상발달異狀發達한 것이라는 그들의 주장이다.

일면 설득력 있어 보이지만, 그래서 인간이 동물과 다른 것이다. 만물의 영장인 인간이 화식을 하는 것은 동물과 다르며, 그렇기 때문에 문명을 발달시켰고 자연히 췌장의 기능도 진화해 커진 것일 뿐이다.

효소와 신진대사,
노화의 상관관계

에드워드 하웰 박사는 또 사람의 몸은 필요한 효소를 종이돈 찍어내는 것처럼 무한정 생산할 수 있는 것이 아니라 은행 잔고처럼 그 양이 정해져 있다고 주장했다. 마치 한 여성이 평생 만들어 낼 수 있는 난자의 수가, 사람에 따라 다소 다르지만, 이미 정해져 있고 이것이 끝나면 폐경이 되는 것과 같은 이치라는 것이다. 따라서 효소도 사람에 따라 생산할 수 있는 최대량이 다르고, 그 최대량이 고갈되면 만성병이나 수명과 직접적으로 관련될 수 있다고 주장하고 있다.

하웰 박사의 주장이 아니더라도 나이가 들어감에 따라 효소가 감소한다는 것은 의학 교과서에서도 공식적으로 인정하고 있는 사실이다. 이는 효소의 부족으로 신진대사가 잘 되지 않으면 노화에도 상당한 영향을 미칠 수 있다는 사실을 어렵지 않게 짐작할 수 있다.

하웰 박사는 급성질환에 걸린 사람은 그 질병을 극복하느라 혈중이나 소변으로 배출되는 효소의 양이 증가하지만, 만성병의 경우에는 효소가 정상인에 비하여 현저하게 감소되어 있다는 여러 연구 결과를 소개했다. 그리고 더 이상 몸에서 생산하는 효소가 질병의 상태를 극복할 만큼 나오지 않을 경우에는 만성병이 더욱 깊숙이 진행될 가능성이 크다고 지적했다. 그럼에도 불구하고 지금까지 우리는 효소의 역할과 중요성에 대해 배우지도 못했고 가르쳐주지도 않았다. 그 이유는 그동안 현대의학이나 영양학에서 효소의 가치를 제대로 조명할 필요를 느끼지 않고 있었기 때문이다.

　살아 있는 생물이라면 다 그렇듯이 우리 몸속에서도 간과 췌장이 효소를 만들고 있다. 또 음식물을 통해 외부에서도 체외효소가 끊임없이 들어오고 있기 때문에 효소가 무엇이며 왜 중요한지 몰라도 살아가는 데 전혀 상관이 없었던 까닭이다.

하지만 생활환경의 변화, 특히 먹을거리의 변화로 인해 언제부터인가 우리 몸속으로 들어오는 체외효소가 부족해진 것은 사실이다. 비타민과 미네랄도 마찬가지다. 사실 사람은 채소나 과일, 해조류, 생선회 등 일부 음식물 이외에는 날것을 먹지 않는다.

　생식의 절대량이 크게 부족하고 화식이 전체 먹을거리의 90% 이상을 점령하고 있다. 거기다 공장에서 대량 생산되고 고열로 멸균 처리된 가공식품이 범람하고 있다. 인스턴트 식품을 비롯해 즉석 패스트푸드, 청량음료, 기름에 튀긴 과자도 마찬가지다. 이들 식품에는 생체식품에서 취할 수 있는, 우리 몸속으로 들어가 소화를 돕는 체외효소가 없는 것이 사실이다.

효소와 더불어 더 심각한 것이 미네랄의 부족이다. 비닐하우스에서 화학비료의 힘을 빌려 같은 작물을 대량으로 반복적으로 재배하면서부터 작물에서 얻는 미네랄이 부족해졌다. 이른바 지력이 쇠하고 땅심이 다한 결과다. 이 같은 미네랄의 부족으로 우리 몸속에서는 체내효소가 잘 만들어지지 않아 대사활동이 제대로 이루어지지 않고, 질병에 노출되면서 성인병과 난치병이 급증하는 원인이 되고 있다.

이에 비해 인공재배를 하지 않고 야생의 들과 산에서 자라는 산야초에는 비타민과 미네랄이 풍부하다. 산나물 등의 산야초는 날로 삶아서 먹을 수는 없지만 솔잎이나 칡넝쿨, 칡잎, 갈대, 민들레, 질경이, 엉겅퀴 등의 약용잡초를 발효시켜서 그 발효액으로 먹을 수 있는 산야초 발효액이 미네랄의 공급원으로써 매우 가치가 높은 것도 이 때문이다.

체외효소 부족의
문제점

몸속으로 들어오는 체외효소가 적어지면 음식물을 잘 소화시킬 수가 없다. 우리 몸은 영리해서 만약 음식물을 잘 소화시키지 못하면 소화하지 못한 음식물이 장으로 내려가 유해균의 먹이가 되어 독소를 내뿜고, 장누수증후군 등 창자병을 불러와 몸이 쓰러질 수밖에 없다는 것을 잘 알고 있다. 그래서 다급해진 우리 몸은 어쩔 수 없이 신진대사에 써야 할 체내효소를 끌어다가 음식물의 소화 작업에 사용할 수밖에 없는 것이다.

이렇게 대사효소를 끌어다 쓰지만 미네랄이 부족하니 효소도 쉽게 만들 수 없고, 결국 신진대사가 원활하지 못해 각종 장기와 조직, 세포 등이 퇴행하게 된다. 그래서 체외효소와 비타민, 미네랄을 많이 공급해주는 것이 중요하며, 체외효소도 자동차의 배터리처럼 계속 충전시킬 필요가 있는 것이다.

그럼에도 불구하고 현대의학은 아직도 현대인의 몸속에 효소가 부족하다는 것과 이 효소의 부족이 각종 만성병의 발생과 관련될 수 있다는 주장을 쉽게 받아들이지 못하고 있는 것이 현실이다. 여러 가지 정황적인 증거, 예를 들어 과거에 거의 생식만을 할 수밖에 없었던 에스키모 사람들에게 현대인들과 같은 만성병이 없었다는 사실은 부정할 수 없다. 특히 퇴행성질환이 현대에 와서 기하급수적으로 증가한다는 점도 인정할 수밖에 없는 것이다.

　요즈음 일부 비만아의 총 아밀라아제의 양이 정상아보다 떨어진다는 연구 등을 종합해도 체내효소의 양이 원활한 신진대사와 직접적으로 관련된다는 과학적인 사실을 발견할 수 있다. 이것만 보더라도 현대인의 식습관이 효소의 부족과 밀접한 관련이 있다는 것을 의학적으로도 의심하기가 힘든 것이다.

지금까지의 이야기를 종합하면, 체외효소의 역할은 음식물을 잘 소화시키고 영양소의 흡수가 용이하도록 도와주는 데 있다는 것을 알 수 있다. 생식만이 음식물의 소화 흡수를 잘 되게 하는 것이 아니다. 위와 장이 소화 흡수를 잘 못하는 음식, 분자 크기가 큰 음식은 미리 잘 분쇄하거나 열을 가해 저분자화해서 소화 흡수가 잘 되도록 만들어 먹어야 한다.

　또 음식은 맛도 있어야 하고 식도락도 충족시켜야 한다. 살기 위해서 먹기보다는 먹기 위해서 산다는 말처럼 음식이 사람의 시각과 청각, 후각, 미각, 촉각 등 오감五感을 만족시키는 것도 중요하다.

날로 먹어야 할 음식,
익혀 먹어야 할 음식

생식을 하면 음식물과 함께 각종 세균과 미생물, 기생충이 들어오기가 쉽다. 물론 이런 세균과 미생물, 기생충은 위장에서 강한 산성의 펩신이 박멸하지만 불로 가열해서 조리하면 더욱 안심할 수 있어 안전하다.

체외효소가 살아 있다고 할지라도 위장에서 위산에 의해 다 파괴된다, 그렇지 않다 등 말이 많다. 하지만 위산에 의해 다 파괴된다는 것이 정설이다. 효소는 죽고 사는 것이 아니라 온도나 여건에 따라 활성이 떨어지는지, 그렇지 않은지를 놓고 말하는 것이 맞다.

40℃ 이상에서 활성이 죽는 효소가 있고, 100℃ 이상에서도 활성이 살아 있는 효소가 있다. 채소류처럼 뜨거운 물에 살짝만 데쳐도 활성이 파괴되는 효소가 있는가 하면, 뜨거운 화산재 속에서도 활성이 살아 있는 효소가 있다고 주장하는 사람들도 있다.

그렇다면 데치거나 끓인 채소는 효소가 파괴되고 활성이 떨어졌기 때문에 나쁜 음식인가. 그렇지 않다. 앞서 말했듯이 음식도 날로 먹어야 할 음식이 있고 익혀 먹어야 할 음식이 있기 때문이다.

예를 들어 과일은 날로 먹을 때 풍부한 비타민과 효소를 얻을 수 있지만 그것이 몸속에 100% 흡수되지 않는다. 오히려 여러 가지 과일을 끓여 만든 과일탕은 매우 빠르게 흡수되기 때문에 허약 체질의 환자나 영양분의 보급이 시급한 사람에게 효과적이다.

극심한 빈혈을 앓고 있는 저혈압 환자가 있다고 하자. 저혈압이 심할 경우 밥을 먹다가 기절할 수도 있다. 그 까닭은 저혈압 환자가 밥을 먹으면 뇌를 포함해 몸 전체에 있는 피가 소화를 위해 위로 몰리기 때문이다. 그렇게 되면 뇌에 겨우 공급되고 있던 피가 순간적으로 더 부족해지고, 피의 부족이 산소 부족을 가져와 밥을 먹다가 갑자기 졸도할 수 있는 것이다.

저혈압 환자는 몸속에 피가 잘 돌지 않기 때문에 심장은 피를 빨리 돌게 하기 위해 무리를 하게 되고 맥박이 빨리 뛴다. 계속되는 심장의 빠른 박동은 심장 근육에 부담을 주고 부정맥을 초래해서 자칫하면 심장이 멎을 수 있는 가능성을 항상 내포하고 있기 때문에 위험할 수 있다.

이런 환자에게 시급한 것은 몸이 피를 많이 만들게 하고 에너지를 보충하는 것이다. 즉 소화가 필요 없이 곧바로 피 속에 흡수될 수 있는 과즙이 필요하다. 과즙도 과일탕으로 끓여 먹으면 녹즙으로 먹는 것보다 빠르게 흡수되어 원기회복을 돕는다. 녹즙이 좋을 것 같지만 녹즙에는 탄수화물이 들어 있어서 빨리 흡수되지 않는다.

그런가 하면 끓여 먹어서는 안 되는 음식도 있다. 그 대표적인 음식이 산나물과 시금치다. 밭에서 재배한 채소보다 산나물이 더 좋은 이유는 그 속에 무엇보다 미네랄이 풍부하기 때문이다. 그러나 산나물을 삶아 먹으면 몸속에 돌을 만든다. 만약 산나물에 독성이 없어서 날것으로 먹었다면 그것이야말로 매우 좋은 영양식이 될 수 있다. 하지만 독성이 있다면 끓이지 않고는 먹을 수 없다.

산나물을 데치거나 끓이면 그 속에 있는 칼슘과 같은 많은 양의 미네랄이 돌로 변하고 혈관 속에서 스케일로 변해 담석이나 심장결석으로 이어진다. 예로부터 시금치를 많이 먹으면 몸속에 돌이 생긴다는 말이 있는데 틀린 말이 아니다. 그러나 생시금치는 1년을 먹어도 절대로 돌이 만들어지지 않는다. 왜 그럴까. 그것은 다름 아닌 효소와 살아 있는 활성칼슘은 몸속에서 돌을 만들지 않기 때문이다.

이처럼 음식도 날로 먹어야 할 음식이 있고 끓여 먹어야 할 음식이 있으며 끓여 먹어서는 안 되는 음식이 있는 것이다.

생채식 옹호론자들은 화식이 만성적 효소 결핍증을 초래하며, 효소가 부족하면 몸속에서 음식물이 충분히 분해 소화되지 않기 때문에 소화기관 내에 오래 머무르면서 부패하고 독소를 뿜어낸다고 말한다. 이렇게 되면 독소는 혈관을 타고 전신을 순환하면서 몸의 여러 부위에 통증을 유발하게 된다. 그리고 독소가 혈액을 오염시키고, 혈관 벽에는 단백질 잔류물이 부착하면서 혈관이 좁아져 혈액순환장애를 가져올 수 있다는 것이다.

그러나 음식물의 소화가 중요하다는 말은 맞지만, 생식에 비해 화식이 음식물을 충분히 분해하지 못하고 잘 소화시키지 못한다는 말에는 동의할 수 없다. 오히려 그 반대의 현상도 많기 때문이다.

생채식을 할 때 잘게 썰어서 꼭꼭 씹어 먹지 않으면 장에서도 소화가 잘 안 돼 영양의 불균형을 초래하고 장내 유해균의 좋은 먹이가 된다. 이것이 장누수증후군 등 창자병을 유발해서 같은 결과를 낳을 수 있다는 것을 알아야 한다.

가공식품에도
효소가 있을까

어떤 이들은 분명 열을 가해 만든 가공식품인데도 자신이 만든 식품 속에는 효소가 살아 있다고 주장한다. 이 말도 큰 모순이다. 효소는 40℃가 넘으면 활성이 파괴되기 시작한다고 말하는데, 그렇다면 그 식품은 그 정도의 열도 가하지 않고 만든 가공식품일까. 또 효소를 비롯한 영양소가 파괴되는 것을 막고 그대로 살리기 위해 동결건조 방식을 채택했다고 말하기도 한다. 그럼 동결건조를 하면 효소나 영양소가 파괴되지 않는 것일까.

건조에는 자연건조와 열건조, 진공건조, 동결건조 방식이 있는데, 자연건조를 제외하고 재료를 분쇄해서 제조하는 식품은 대부분 모순을 안고 있다. 왜냐하면 분쇄기의 온도가 70~80℃나 되기 때문이다. 소비자는 동결건조만을 생각할 뿐 분쇄가 어떻게 이루어지는지 그 과정은 생각하지 않는다. 단지 열 같은 것은 발생하지 않고 동결건조된 상태 그대로 미세하게 분쇄하는지만 알고 있다.

그러나 어떤 물질의 성질을 변화시킬 때는 많은 에너지가 전달되어야 한다. 그 에너지가 물질에 전달되면 영양소가 파괴되면서 성질이 변하게 되기 때문에 동결건조 식품으로서의 의미가 없어진다.

분말이나 분말을 가공해서 만든 제품은 이처럼 70~80℃의 열에 의해 분쇄해야 하기 때문에 동결건조했다고 해서 모든 것이 그대로 살아 있다고 말할 수 없다. 따라서 무작정 40℃ 이상이면 파괴된다는 효소를 살려서 제품을 만들었다든가, 어떤 생물의 효소를 그대로 살려서 분말 또는 과립화, 성형화했다는 것은 말이 안 된다. 물론 가공식품의 경우 물질의 성분을 최대한 살리는 것은 중요하다. 하지만 그렇다고 해서 열을 가하지 않고 가공식품을 만드는 것은 현실적으로 불가능하다.

그렇다면 가공식품에는 효소가 없을까. 물론 있다. 생체에서 얻을 수 있는 체외효소는 없어도 효소는 가공식품에도 있고 멸균 처리한 식품에도 있다. 따라서 이런 것을 따지는 것 자체가 무의미하다.

진정한 효소 식품은
영양소가 많고 안전한 식품

그럼에도 불구하고 언젠가부터 갑자기 효소 식품이라는 이름으로 다양한 식품이 속속 등장하면서 소모적인 논쟁이 벌어지고 있다. 사실 효소 식품이라고 부르는 것들은 모두 발효 식품에 지나지 않는다. 발효 식품을 효소 식품이라고 말한다면 우리가 즐겨 먹는 김치와 된장, 간장, 젓갈, 식초, 식혜, 막걸리도 모두 효소 식품이다.

어디 그뿐인가. 곶감이나 과메기, 북어도 자연발효된 효소 식품이다. 이 모두가 눈에 보이지 않는 미생물에 의해 발효가 이루어졌으며, 이 발효의 산물인 단백질이 효소다.

물론 발효 식품을 효소 식품이라고 부른다고 해서 틀린 말은 아니다. 발효 자체가 미생물 의해 이루어졌고 그 과정에서 효소가 만들어졌으며, 또 이런 식품들이 우리 몸속에 들어가 체내효소를 만들기 때문에 효소 식품이라고 불러도 무리는 없는 것이다. 그러나 발효와 효소의 진정한 의미도 모른 채 자신들이 만든 특정 발효 식품만이 효소 식품이라고 오도하는 것이 문제다.

열을 가하든지 가하지 않든지 어떤 식품에도 효소는 있다. 밥에도 효소가 들어 있고 고기에도 효소가 들어 있는 것이다. 날로 먹든 익혀 먹든 우리가 먹는 음식의 영양소가 곧 효소다.

발효 식품, 효소 식품은 무엇보다도 부작용이 없고 안전해야 한다. 발효 식품을 먹는다는 것의 가장 큰 전제는 우리 몸의 소화 흡수를 용이하게 도와준다는 점이다.

　누구든지 먹기 편하고 해독의 중추기관인 간의 기능을 도우며 장에서 유익균을 증식시키고 배설도 잘 되는 식품이어야 한다. 여기에 보효소인 비타민과 미네랄 등 필수영양소가 균형 있게 들어 있다면 최고의 식품이 된다.

　진정한 효소 식품은 무덤에서 요람까지, 어머니 배 속에서 태어나 세상을 떠나기 전까지 건강하게 살 수 있는 영양소가 풍부하고 안전한 식품이어야 한다.

효소와 건강

소화작용과
효소

우리가 먹은 음식물은 몸속에서 어떻게 소화 흡수가 되고, 신진대사와는 어떤 상관관계에 있으며, 이 과정에서 체내효소는 어떤 역할을 할까. 음식물의 소화에서 배설까지의 전 과정을 살펴보자.

우리 몸속으로 들어온 음식물은 먼저 입 속에서 이에 의해 잘게 부서지고, 침 속에 들어 있는 체내효소인 아밀라아제가 전분을 분해시키기 시작한다. 이처럼 몸속에서 1차 소화 작용이 이루어지는 곳은 위가 아닌 입 속인 것이다.

그런 다음 식도를 타고 위로 내려간 음식물은 위의 윗부분에서 약 30분에서 60분 정도 머물게 된다. 이때는 침에서 분비된 아밀라아제와 음식물 자체에 함유된 소화효소에 의하여 분해가 진행되며 주로 탄수화물이 소화된다. 그동안 위의 아랫부분에서는 단백질을 분해하고 세균과 미생물, 기생충을 소독하기 위한 pH2의 강력한 위산이 분비되기 시작하고, 마침내 음식물이 위 아래로 내려오면 펩신이 기다렸다는 듯이 단백질을 분해하고 살균 처리를 하게 된다.

위에서 소화가 끝나면 음식물은 십이지장으로 내려가는데, 십이지장은 위와 소장을 연결하는 부위에 있는 장기다. 십이지장은 우리 몸에서 효소를 가장 많이 생산하고 분비하는 기관인 췌장으로부터 전분과 단백질, 지방을 분해하는 소화효소를 전달받아 소화를 시킨 다음 음식물을 소장으로 내려보낸다.

소장으로 옮겨 간 음식물은 췌장에서 배출된 소화효소인 트립신과 전분 분해효소인 아밀라아제, 지방 분해효소인 리파아제, 담낭과 간장에서 나온 분비액과 함께 영양소를 분자 크기로 분해하게 된다. 펩신과 트립신은 모두 단백질 분해효소로서 프로테아제에 속하지만, 펩신은 강한 산성 환경의 위에서 작용하고, 트립신은 소장의 알칼리 환경 조건에서 작용하는 것이 다르다. 이렇게 해서 마침내 분자 단위로 분해된 영양소는 소장에서 흡수되어 혈액과 림프관을 타고 전신에 전달된다.

우리 몸에서 영양소를 혈액 속으로 흡수시키는 세포는 소장에만 있다. 길이가 약 6~7m인 소장 안 점막에는 흡수 면적을 높이기 위해 약 3천만 개의 융털, 즉 융모絨毛가 손가락처럼 접혀 촘촘하게 돋아나 있고, 이 융모마다 각각 5,000여 개의 영양흡수세포가 붙어 있다. 따라서 조그만 소장 전체에는 약 1억 5백억 개의 영양흡수세포가 붙어 분자 단위로 분해된 영양소를 흡수해서 혈관으로 옮기고 있으니 정말 놀라운 일이 아닐 수 없다.

혈관으로 들어온 영양소들은 인체 내의 화학공장인 간으로 보내져 독성을 제거한 후 몸 구석구석에 분포해 있는 모세혈관망을 통해 약 100조 개의 세포로 전달된다. 이 영양소 중 당은 산소와 미네랄, 비타민, 효소와 함께 세포의 에너지 발전소인 미토콘드리아에서 에너지를 만드는 재료로 사용된다.

인체의 모든 활동을 가능하게 만드는 에너지의 원천이 바로 당糖, 즉 글루코스Glucose다. 남은 영양소는 모두 당으로 바꿔 간과 근육에 저장해 두고 필요할 때 꺼내서 인체 활동의 에너지로 사용하는 것이다.

우리가 먹은 음식물 영양소의 대부분은 소장에서 혈관으로 흡수되지만, 소화되지 않고 남은 영양소와 음식물은 대장으로 내려간다. 이 대장에는 100여 종 약 100조 마리의 세균이 살고 있는데 이 세균의 질이 건강을 좌우한다. 즉 유산균과 비피더스균 등 유익균이 많으면 건강하고, 대장균 같은 유해균이 많으면 장누수증후군 같은 창자병을 유발한다.

인체에서 가장 중요한 장기,
장|腸|

중요한 것은 장이 뇌도 지배하고 컴퓨터의 센서와 같은 기능을 갖고 있다는 점이다. 우리 인체에서 으뜸가는 뇌가 장이라는 말도 있다.

소장의 내벽에 있는 세포막에서 영양소를 운반하는 단백질은 각각의 영양소를 구분하고 인식해서 소장벽을 통해 혈관과 림프관으로 운반하는 일을 하고 있다. 장은 유해물질을 차단하는 기능도 있어서 음식물에 유해물질이 들어 있으면 즉시 많은 양의 물을 분비해 대장으로 흘려보내고 설사를 유발해 체외로 배출시키기도 한다.

또한 장은 음식물의 성분을 재빨리 인식하고 췌장과 간장, 담낭 등에 소화액을 분비하도록 신호를 보낸다. 이처럼 장은 인체 각 기관에 신호를 전달하는 기능을 갖고 있기 때문에 뇌를 지배한다고 하는 것이다.

이외에도 장은 20여 종의 호르몬을 분비해서 췌장과 간장의 기능을 높이고, 소화 흡수를 촉진시키기도 한다. 장은 음식물이 들어온 것을 감지하면 장의 운동을 촉진하여 소화 흡수를 활발하게 돕고, 신경을 흥분시키거나 억제하는 아드레날린이나 노르아드레날린의 분비에도 관여하고 있다.

이처럼 장은 입 안의 혀처럼 식품의 성분이나 화학물질을 감지하는 기능이 있고 그 정보를 뇌에 전달하기 때문에 신경세포가 많이 분포되어 있다. 장에 센서가 달려 있다는 말도 여기에서 나온 것이다.

따라서 장의 상태가 나빠지면 면역력이 약해져 유해물질이 체내에 남게 되고 간장과 췌장 등의 장기가 약해져서 건강을 잃게 된다.

장을 건강하게 만들기 위해서는 면역기능에 관여하는 장내 유익균이 잘 자라도록 해야 하는데, 채소와 버섯류, 현미 같은 곡물 등이 유익균의 증식을 돕는다.

대장은 1.5m 정도로 길기 때문에 장 속에 소화되지 않은 음식물과 숙변 등이 적체되지 않도록 해야 유해균이 증식하지 않는다. 장을 깨끗하게 만들어주는 음식이 바로 식이섬유다. 식이섬유는 분해되지 않기 때문에 대장 속에 남아 있는 음식물 찌꺼기와 세균의 사체를 함께 싸서 배출시킨다.

식이섬유의 부족은 변비의 원인이 되며, 육식을 많이 하면 장내에서 부패해 유해가스인 독소를 발생시켜 온몸으로 전달돼 각종 질병을 유발하는 원인이 되는 것이다.

장내 세균과 질병의 상관관계

대장 속에 건강한 유익균이 자리 잡고 잘 증식하는 것은 질병의 발병, 치료와 무척 긴밀한 관계에 있다.

전 세계 80개 나라의 미생물학자들이 미국에서 병의 근본 원인에 대한 회의를 한 결과, 성인 한 사람 몸속에 들어 있는 세균의 무게는 평균 3kg 정도이며, 장내 세균이 질병의 발병에 큰 원인이 되고 있다는 결론을 내린 적이 있다.

이들은 특별한 경우를 제외하고 이 세균이 사람들에게 유전자보다도 더 큰 영향을 미치고 있다고 밝혔다. 그런데 3kg의 세균 중 70~80%가 대장에 모여 있고, 이것이 면역력에도 70~80%의 영향력을 미친다는 것이었다.

놀라운 점은 사람이 매일 1kg의 대변을 배설한다고 하면 600g은 음식찌꺼기이고 400g은 세균의 무게라는 것이다. 대장에 머물고 있는 대변의 40%는 각종 세균이 모아진 무게라는 것인데, 이 세균이 유익균이냐 유해균이냐, 또 어떤 균이 많고 적으냐에 따라 병명도 달라진다고 한다. 실제로 장수촌 노인들의 대변을 검사하면 유익균이 도시인에 비해 월등히 많고 유해균은 거의 없다고 한다.

자폐 환자의 대변을 검사해 보면 90% 이상이 대장 안에 좋은 유익균은 거의 없고 쇠도 부식시킬 수 있는 만큼 강한 독소를 가진 '데슬포 비브리오균'이 살고 있다는 내용이 TV 프로그램에 소개되어 충격을 주기도 했다. 데슬포 비브리오균이 대장벽에 구멍이 뚫리는 장누수증후군 등 창자병을 불러일으켜 이곳을 통해 빠져나온 독소가 혈액을 타고 돌아다니다가 뇌에 영향을 끼쳐 자폐증을 앓게 된다는 것이다.

또 비만인 사람의 장 속에는 유익균인 '박테로이데 테스문' 세균은 거의 없고 유해균인 '퍼미큐 테스문' 세균이 마른 사람에 비해 더 많다고 한다. 이 유해균이 지방을 비롯한 영양분의 대사에 관여해서 일반인보다 훨씬 더 많은 열량을 생성하고 촉진해 비만을 일으키는 데 영향을 미친다고 또 다른 TV 프로그램에서 소개되기도 했다.

즉 유해균이 많으면 음식물에 들어 있는 열량을 그 세균들이 최대한으로 뽑아내 지방으로 축적하고, 이 지방세포가 많아지면 체내 염증이 많이 생기며, 결국 신진대사를 방해해 비만이 더욱 가속화된다는 것이다. 따라서 비만인 사람도 장내 환경을 유익균이 증식할 수 있도록 개선하는 것이 우선이다.

알레르기나 아토피, 비염, 천식 환자의 대변을 검사하면 정상인에 비해 유해균이 훨씬 많아 근본적으로 장내 유익균을 정착시키지 못하면 절대 고치기가 힘들다. 아토피나 발이 썩어 가는 병 등은 피부에 약만 바른다고 고쳐지지 않는다. 무엇보다 장을 고쳐야 한다. 그래서 장 속에 유익균을 이식하기 위해 건강한 사람의 대변을 이식하는 대변이식술까지 등장한 것이다.

인간의 몸은 아기로 태어난 그 순간부터 눈에 보이지 않는 세균과 싸움을 시작한다. 이 세균과의 싸움에서 아기의 대장에 좋은 균이 먼저 자리 잡느냐 나쁜 균이 자리 잡느냐가 중요하고, 여기에 대한 대처를 잘 하지 못하면 자라면서 혹은 평생 끔찍한 고통을 겪게 될 수 있는 것이다.

어차피 인간의 삶은 미생물, 세균과의 전쟁의 연속이며, 세균의 먹잇감에 불과할 수 있다. 또한 세균은 완전 박멸하려고 할수록 더 강해지고 새로운 변종이 나타나 더 큰 재앙을 부를 수 있다. 결국 좋은 균이 나쁜 균을 제압할 수 있는 환경을 만드는 것만이 우리 인간이 진정으로 살길이다.

왜 발효 식품이
중요한가

유전자로 해결되지 않는 질병의 근본 원인은 대장의 유익균으로 고칠 수 있다는 것이 최근 의학계의 정설이다.

우리나라도 환자에게 바이오틱스, 유산균 재제를 처방하는 의사가 늘고 있다. 아토피가 심한 아이에게 도라지에 유산균을 넣어 도라지 김치를 담가 6개월 정도 꾸준히 먹도록 했더니 깨끗하게 완치된 사례가 있다. 이 아이가 만일 병원에서 프로바이오틱스 재제를 처방받아 함께 먹었다면 치료 기간이 훨씬 단축됐을 가능성이 높다.

대장의 유익균 증식을 위해 효소와 유산균, 섬유질을 많이 섭취하는 것은 매우 중요하다. 그래서 발효 식품이 중요하고 김치가 중요하고 현미효소와 산야초 발효액도 중요하고, 액상의 매실 발효액이나 산야초 발효액을 제대로 담그는 방법의 홍보도 필요하다. 바로 이 책을 쓰게 된 이유이기도 하다.

또한 장내에 유익균이 증식할 수 있는 환경을 만들기 위해서는 충분한 미네랄의 공급이 필요하며, 이를 위해 미네랄이 풍부한 천일염을 먹어야 한다. 실제로 미네랄과 장내 유익균의 증식은 밀접한 관계에 있다. 정제염이나 수입 천일염으로 만든 인스턴트 식품을 자주 먹는 사람들의 대변에는 유해균이 훨씬 많다.

요즘 일부 과자나 김에 천일염을 쓴다고 표기한 제품이 눈에 띄는데 알고 보면 거의가 다 수입 천일염이다. 서해안에서 나는 천일염은 나트륨이 80% 수준인데 비해 호주나 뉴질랜드산 수입 천일염은 95% 이상으로 나트륨 함량이 거의 정제염 수준으로 높고 미네랄은 턱없이 부족하다. 그런데도 수입 천일염인지 국산 천일염인지 명확하게 표기하지 않고 천일염이라고만 표기해 놓고 있어 이런 문구에 경계하는 사람이 없는 것도 문제다.

따라서 자라나는 이이들을 포함해 모든 국민의 장에 좋은 유익균이 잘 자리 잡고 살 수 있도록 하기 위해서는 미네랄이 풍부한 천일염이나 죽염을 먹고, 수입 천일염은 반드시 수입 천일염이라는 표기를 하도록 정책적인 보완이 필요하다.

이제 효소가 무엇이며 체외효소와 체내효소, 보효소가 왜 중요하고 각각 어떤 역할을 하며 우리가 먹는 음식물이 어떻게 영양소로 변해 신진대사를 하는지, 소화기관의 역할과 장 건강에 대해서도 잘 알았으리라 믿는다.

효소를 알면 건강이 보인다. 수명 100세 시대를 무병장수하게 사는 길이 바로 효소 속에 있다.

천일염의 발효

천일염에 들어 있는 사분沙粉, 뻘 등의 불순물과 중금속을 분해해 고품질의 건강한 소금을 만들기 위해서는 일반 염전에서도 EM 으로 천일염의 발효를 연구할 필요가 있다.

소금 성분 자체를 발효시키는 것이 아니라 천일염 속에 든 유기물을 분해해서 배출하면 항산화력이 높은 뛰어난 소금을 만들 수 있다. 예컨대 팔레트 위에 천일염 소금자루를 놓고 EM 발효액을 뿌려 비닐로 덮어 놓으면, 그 안에서 유익균들이 폭발적으로 증식해 발효가 되고 불순물들이 분해되어 팔레트 아래로 빠져나오는 것을 유추하기 어렵지 않다. 실제로 천일염을 버섯 균사체 미생물로 발효시키자 부글부글 끓으면서 생긴 가스가 가득 차 밤사이 천막으로 된 천정이 날아간 사례가 있다. 식용 EM 발효액도 같은 효과를 나타낼 수 있다고 본다.

미생물로 천일염을 발효시키면 그 부피가 3분의 1가량 줄어든다. 이 발효 소금으로 담근 김치는 맛이 뛰어날 뿐만 아니라 못도 녹슬지 않게 하는 항산화력으로 인해 금방 시거나 물러지지 않는다. 특히 진공포장을 해도 발효가 장기간 억제, 지연되어 가스가 차지 않고 싱싱함이 오래 유지돼 한 달 정도인 김치의 유통기간을 2~3배 이상으로 늘릴 수 있다. 또한 발효 소금으로 담근 된장과 고추장은 맛이 뛰어날 뿐만 아니라 발효 기간을 크게 단축할 수 있다.

천일염을 미생물로 발효하는 것 외에도 보다 손쉽게 할 수 있는 방법이 있다. 햇볕이 쨍쨍 내리쬐는 날에 천일염을 넓게 펴 말리면 그 양이 확 줄면서 염화나트륨을 비롯한 불순물이 제거되어 고품질의 천일염을 얻을 수 있다. 현재 기업들이 천일염을 식품에 사용하지 않는 가장 큰 이유는 눅진하고 불순물 때문에 쓴맛이 나기 때문이다. 하지만 이렇게 바짝 말려 쓰면 소금을 몇 년 동안 묵혀서 간수를 빼지 않아도 천일염을 구운 소금처럼 건조시켜 깔끔하게 쓸 수 있다. 이 방법은 일반 가정에서도 천일염을 사서 빠른 시간에 간수를 제거하고 장을 담글 때 사용하면 좋다. 그러나 이렇게 건조시킨 소금은 pH나 항산화력에 있어서는 구운 소금이나 죽염과는 다르다.

EM이나 버섯균사체로 발효시켜 만든 발효 소금은 산성이기 때문에 산성에 약한 피부병이나 무좀에는 잘 듣지만 환원력은 높지 않다. 전 세계적으로 난치병과 불치병에 좋은 주요 샘물은 모두 약알카리성 물이며 게르마늄을 지니고 있는 경우가 많다. 단, 버섯균사체 발효 식품이나 꽃송이버섯 현미효소 등의 발효 식품은 산성을 지니고 있으면서 질병을 고치는 강력한 힘을 나타내는 것을 볼 수 있다. 이는 현미와 베타글루칸 등 버섯의 강한 성분들이 발효 과정을 통해 인체에 흡수가 잘 되고 좋게 하는 물질을 생성하기 때문이다. 식초가 산성이지만 우리 체내에 들어가서 약알칼리화 되는 것과 같은 원리다.

CHAPTER 2

미생물아!
놀자

생물은 사람과 동식물 등에 해를 끼치기도 하고,
한편으로는 사람을 비롯한 포유동물의 장내에서
음식물의 소화를 돕기도 하며 발효 식품을
만들어 주기도 한다.

미생물 바로 알기

미생물과의
끊임없는 전쟁

미생물은 지구상에 최초로 나타난 가장 작은 원시생물이다. 미생물은 눈으로는 볼 수 없고 현미경으로만 볼 수 있는 아주 작은 생물을 통틀어서 말한다.

지구는 미생물의 바다라고 할 만큼 동식물 등 생물들은 엄청 나게 많은 미생물 속에서 살아가고 있으며, 이들은 어떤 형태로든 서로 공존하며 살아가고 있다. 미생물은 사람과 동식물 등에 해를 끼치기도 하고, 한편으로는 사람을 비롯한 포유동물의 장내에서 음식물의 소화를 돕기도 하며 발효 식품을 만들어 주기도 한다. 또 병원균을 물리칠 수 있는 항생물질을 제공해 질병 치료에 쓰이기도 하고, 식물이나 동물의 사체를 분해해 세상을 깨끗하게 만들기도 한다.

인간의 삶은 그 자체가 미생물과의 끊임없는 전쟁이라고 해도 과언이 아니다. 수많은 미생물과 함께 더불어 살고 미생물의 도움을 받으며, 또 내가 살기 위해 미생물을 죽이기도 한다. 질병과의 싸움 역시 바이러스라는 미생물과의 전쟁이다.

대부분의 질병은 바이러스가 몸속으로 침입해 공격할 때 생기는 증상이다. 그래서 우리는 몸이 아프면 바이러스와의 전쟁에서 이기기 위해 몸속에 강한 항생제 등을 투여해 이들을 모조리 죽인다. 바로 이것이 현대의학의 대증요법이다.

바이러스를 죽이지 않으면 내 몸이 죽게 된다. 따라서 항생제도 더 강력한 것을 써야 하는데 그럴수록 세균도 더 강해져서 슈퍼바이러스가 탄생한다. 이렇게 되면 우리 인간으로서는 더 이상 방법이 없다.

미생물은 천하무적이다. SF 영화를 보면 외계인과의 전쟁에서는 결국 인간이 이기지만 미생물과의 전쟁에서는 이기지 못한다. 실제로 평생 동안 미생물과 싸우며 살고 이기기도 하지만, 결국 미생물의 밥이 되고 마는 것이 우리 인간이다. 약육강식의 논리는 자연계 어디에서나 존재하듯이 미생물의 세계도 마찬가지다.

미생물은 그 종류가 헤아릴 수 없이 많다. 흙 속에만 하더라도 박테리아와 곰팡이, 바이러스, 효모, 조류藻類, 사상균絲狀菌, 방선균放線菌 등 천여 가지가 공생하고 있고, 이 중 유용미생물이 약 900 종류, 유해미생물은 약 100여 종이나 된다.

미생물의 세계에서도 서로가 생존을 위해 치열하게 경쟁하거나 전쟁을 벌이며 살아간다. 이들 미생물은 자신들에게 적합한 최적의 생존 조건, 즉 발효 조건이 만들어지면 서로 경쟁적으로 달려들어 자신들의 먹이인 탄수화물을 분해시키기 시작한다. 이른바 영역 싸움이며 밥그릇 싸움이다. 여기서 탄수화물은 당糖을 말한다.

메주나 청국장을 발효시키는 누룩곰팡이 바실러스 섭틸러스균Bacillus Subtilis만 하더라도 그 종류가 수십 가지다. 이 고초균枯草菌은 볏짚에 많이 붙어 있고, 우리가 마시는 공기 속에도 많이 떠돌아다니고 있으며, 어느 대상에 어느 균이 먼저 붙어 자신의 생존 기반과 영역을 확보할 것인지 호시탐탐 기회를 노리고 있다.

흙 속에 많이 사는 방선균放線菌은 이들 고초균과 경쟁하고 싸우면서 항산화물질을 분비하여 자신의 영역을 지켜나간다.

견딜 수 없이 가혹한 생존 환경 속에서 도태하는 미생물은 죽고 강한 것만이 살아남는다. 이것이 적자생존이며 계대배양이다.

매실 발효액이나 산야초 발효액을 담근다는 것은 미생물이 좋아하는 먹이인 맛있는 과당과 적당한 온도, 습도 등 최적의 생존 환경, 발효 환경을 만들어 발효를 유도하는 것이다. 이때는 부패를 막고 발효 효율을 높이기 위해 인위적으로 당을 첨가한다. 하지만 제대로 된 산야초 발효액이라면 미생물이 산야초의 잎과 줄기 속에 들어 있는 과즙과 수액, 즉 당과 영양소를 모두 먹고 배설해야 한다. 그래야만 미생물 몸속에 있는 고유의 효소가 활성화되어 제대로 된 발효가 이루어지기 때문이다.

이처럼 자연계 속에 존재하는 효모와 공기 중의 유용세균 등 미생물이 과당을 만나 왕성하게 활동할 수 있는 최적의 조건을 만들어주면 미생물은 즉시 당을 먹으며 분해작용을 시작한다.

미생물과 발효의
메커니즘

최적의 발효 조건이 갖추어지면 미생물, 다시 말해 단세포 세균은 엄청난 속도로 번식하기 시작한다. 유산균乳酸菌의 예를 들어보자.

유산균이 세포분열을 해서 그 수가 2배로 늘어나는 데에는 약 38분 정도 걸리지만, 그때부터 64승으로 늘어나 24시간 후에는 1마리가 2천 5백억 마리로 증식된다. 이렇게 기하급수적으로 늘어난 유산균이 그 대상을 순간적으로 발효시키면 발효 자체가 끝난다. 그 이상의 발효란 없다.

누룩곰팡이인 황국균黃麴菌으로 만드는 막걸리 역시 이처럼 빠른 속도로 세균이 증식하므로 아무리 많이 담가도 맛이 일정하다. 막걸리도 이렇게 순식간에 발효가 끝나면 더 이상의 발효란 없다. 이것은 참 중요한 사실이다. 물론 이 경우는 당도와 온도, 습도, 수분 등에 있어서 최적의 발효 환경을 조성해 주었을 때의 이야기다.

발효 환경이 좋지 않으면 미생물의 증식 속도도 느려지고 발효 기간이 길어지거나 발효가 아닌 부패의 길로 들어설 수도 있다.

발효를 잘 끝냈다고 할지라도 공기 속을 떠다니는 초산박테리아인 초산균醋酸菌이 들어가 2차 발효를 일으키면 신맛이 강해 먹을 수없게 된다. 이 신맛이 나면 달려드는 것이 초파리들로, 이 초파리 배설물이 발효를 망치게 되는 것이다.

미생물에는 산소를 먹고 사는 호기성세균好氣性細菌과 산소를 싫어하고 이산화탄소를 먹고 사는 혐기성세균嫌氣性細菌이 있다. 호기성세균은 산소를 먹고 이산화탄소를 배출하며, 혐기성세균은 이산화탄소를 먹고 산소를 배출한다. 그렇기 때문에 약간의 공기만 있어도 둘은 상호호환작용을 하면서 급속도로 증식해 한꺼번에 발효를 끝낸다.

현미 식초를 담글 때도 공기와의 접촉 시간을 지나치게 늘리면 반드시 실패한다. 항아리 위를 두꺼운 천으로 덮고 동전 하나 크기의 조그만 구멍만 내면, 그 구멍을 통해 숨을 쉬면서 호기성세균과 혐기성세균이 그 안에서 풍미 깊은 맛의 현미효소를 만들어 낸다.

미생물을 알면
발효과학이 보인다

지구에 존재하는 수많은 미생물의 80%는 기회주의적 성격을 띠는 해바라기성 세균이다. 마치 박쥐처럼 날짐승이 되기도 했다가 물짐승이 되기도 하는 세균이다. 이들 세균은 나쁜 미생물의 수가 득세하면 나쁜 미생물로 변해 부패나 오염에 가담하여 적군이 되지만, 유익한 미생물의 수가 많아지면 금방 유익한 세균으로 변해 아군이 된다. 이 해바라기성 세균들을 유익한 방향으로 유도하는 대표적인 미생물이 유용미생물EM: Effective Microorganisms이다. 즉 유용한 미생물을 증식시켜 해바라기성 세균들 속에 풀어놓으면 이들 세균들이 유익한 미생물로 변하는 것이다.

우유나 삶은 콩을 상온에 그대로 방치하면 금방 산화가 시작되면서 부패해 악취를 풍기게 된다. 하지만 같은 우유에 유산균을 풀어놓으면 요구르트가 되고, 삶은 콩에 납두균을 접종하면 맛있는 된장이 된다. 그 이유는 유산균과 납두균 같은 유용미생물이 항산화물질을 생성해 산화와 부패를 막고 유기물을 저분자화해서 흡수되기 쉬운 상태로 만들기 때문이다.

미생물의 습성과 생리를 알면 발효과학이 보인다. 또한 미생물이 우리 일상생활 전반에 걸쳐 얼마나 막대한 일을 하고 있는지, 세균으로 인해 생긴 질병의 효과적인 퇴치 방법이 무엇인지도 알 수 있다.

앞서 장내 유해균이 각종 질병의 원인이 되고 유익균이 자리 잡게 하는 것이 중요하다고 했는데, 장내 유익균을 증식시키는 방법의 하나로 대변이식이 제시되고 있는 것이 그것이다.

실제로 장내에 유해균이 득세해 만성질병으로 시달리는 사람의 대장에 대장내시경으로 건강한 사람의 대변을 이식하면 장내 해바라기성 세균이 유익균으로 변해 질병에서 해방되는 사례도 많다.

또 입 안에 생긴 세균 염증이 어떤 항생제에도 듣지 않는 사람에게 구강 상태가 건강한 사람의 입 안에서 채취한 두 가지의 유익균을 동결건조해서 하루 2회 이상 머금게 하자 고질적인 염증이 잡혔다는 사례도 있는데 이 또한 같은 원리다.

이처럼 우리 인간이 미생물을 이길 수도 없고 공존하면서 살아갈 수밖에 없다면, 이 미생물을 인간에게 유익한 방향으로 활용해야 한다. 미생물 때문에 병에 걸렸다면 나쁜 균을 항생제로 무조건 죽이려 할 것이 아니라 더 강력한 균을 구원투수로 내세워 나쁜 균을 퇴치시키는 것이 최상의 방법이다. 적의 힘을 이용해 적을 제압해야 한다는 '이이제이以夷制夷'가 바로 그것이다. 요즘 우리 일상생활 전반에 걸쳐 큰 각광을 받고 있는 EM의 원리가 이런 미생물들의 습성과 생리에 착안해 고안된 발효공법이다.

EM을 보면 미생물의 세계가 보인다. EM은 자연과 환경, 국토를 바꾸고 사람의 건강을 살리는 대표적인 미생물이다.

자연과 환경, 국토,
건강을 살리는 유용미생물

유용미생물|EM|이란
무엇인가

EM$^{\text{Effective Microorganisms}}$이란 효과적인 미생물, 즉 유용미생물군의 약자로서 자연계에 존재하는 많은 미생물 중에서 인간과 자연, 환경에 유익한 미생물만을 골라 배양한 세균을 말한다. 이 EM은 인간의 건강을 위협하는 탄산가스와 암모니아, 메탄가스 등 유해가스와 각종 오염물질을 없애주고 항산화물질을 생성해 사람을 건강하게 만들며 세상을 정화시킨다. 정말 얼마나 대단한 미생물인가.

EM은 1982년 일본 류큐 대학 교수인 히가 테루오 박사가 개발했다. 그는 화학비료 사용으로 인해 토양이 황폐화되고 농약의 과다 사용으로 인해 병충해의 내성이 강해지는 등 농업 문제가 심각해지자 이에 대한 해결 방안으로 미생물을 활용하는 연구를 시작했다. 그 결과 유용미생물이 만들어 내는 항산화물질이 문제 해결에 탁월한 성분과 효과가 있다는 것을 확인하게 되었고, 이를 생활 전반에 걸쳐 응용하는 연구를 거듭한 끝에 지금의 EM을 탄생시키게 된 것이다.

실제로 오늘날 EM은 우리 생활 전반에 많은 영향을 미치고 있다. EM은 농수축산업에서부터 오염된 자연과 환경, 생활, 의료, 건강 등 현대인들이 당면해 있는 각종 문제의 해결사가 되고 있다.

EM의 발효과학은 다양한 건강기능식품은 물론 치약과 비누, 화장품, 고추장과 된장, 생수, 대체의학에서의 천연치료 항생제, 주거, 건축, 수질정화, 음식물 쓰레기 해결 등 거의 모든 분야에 걸쳐 광범위하게 활용되고 있다.

EM의 미생물군은 크게 호기성세균과 혐기성세균, 통성혐기성세균 이렇게 세 가지로 나누어진다.

호기성세균은 산소를 먹고 이산화탄소를 배출하는데, 대표적인 것으로 방선균, 사상균, 납두균, 고초균, 초산균 등이 있다.

혐기성세균은 이산화탄소를 먹이로 유기물을 만들어 내는데, 대표적인 것으로 광합성세균이 있다. 광합성세균은 EM에 있는 모든 세균의 연결고리 역할을 하는 가장 중심적인 세균이다.

통성혐기성세균은 산소가 있거나 없거나 별 상관없이 활동하는 미생물들로 유산균, 효모균 등이 있다.

호기성세균인 방선균이 항균물질을 만들기 위해 광합성세균 부산물인 아미노산을 먹이로 사용하고, 통성혐기성세균인 유산균 역시 호기성이나 혐기성세균의 부산물을 먹이로 사용함으로써 모든 EM 세균은 서로 공생하는 관계를 갖게 된다.

EM의 유용미생물은 80여 종으로 광합성세균과 유산균, 효모균 이 세 가지가 핵심 세균이다.

광합성세균光合成細菌은 호기성세균으로 토양이 받아들이는 빛과 열을 에너지원으로 활동하는 미생물이다. 광합성세균은 식물의 뿌리에서 나오는 분비물과 유기물, 토양 속의 유해 가스를 먹이로 식물의 생육에 없어서는 안 될 영양분인 당류와 아미노산, 핵산, 비타민, 호르몬 등을 합성한다. 이 양분들은 식물에 직접 흡수되거나 다른 미생물의 먹이가 되기도 하기 때문에 토양을 비옥하게 만들고 생태환경을 보존, 개선하는 데 크게 기여하고 있다.

유산균乳酸菌은 혐기성세균으로 당류에서 유산을 생성하는 균류를 총칭하는 말로 젖산균으로 부르기도 한다. 유산균에는 당류에서 유산을 생성하는 균 외에 에탄올과 이산화탄소 등을 생성하는 균이 있다. 요구르트나 치즈, 버터, 막걸리, 생유산균가루 등을 만든다.

효모균酵母菌은 곰팡이나 버섯류에 속하지만 실처럼 생긴 뿌리인 균사가 없고 광합성이나 운동성이 없는 단세포 생물의 총칭이다. 흔히 '이스트'라고도 하며 빵이나 맥주 등을 만드는 데 사용되는 미생물이다.

EM의 발견이 대단한 것은 대표적 유용미생물인 광합성세균과 유산균, 효모 등 이 3가지 핵심 미생물이 서로 결합된 형태로 존재하고 있다는 점이다. 즉 광합성세균은 산소를 이용해서 영양분을 만들고, 유산균은 이산화탄소와 수소를 흡수해서 산소를 만들며, 당분을 유산으로 만드는 한편 강력한 살균작용으로 유해균의 증식을 억제한다. 그런가 하면 효모는 술과 빵을 만드는 데 발효를 돕고 비타민류와 생리활성물질을 생산하는 역할을 담당해 서로 완벽한 먹이사슬과 공조 체제를 갖추고 있다. 즉 이 3가지의 미생물은 각각의 배설물이 서로에게 먹이가 되는데, 광합성세균의 배설물은 유산균과 효모의 먹이가 되고, 유산균과 효모의 배설물은 광합성세균의 먹이가 된다. 이 과정에서 다양한 영양소와 강력한 항산화물질이 만들어지는데, 이 EM을 배양한 발효액이 곧 효소로서 생물의 생리작용과 신진대사를 활성화시키는 에너지이자 뛰어난 항산화제다.

유용미생물|EM|은
어떤 작용을 하는가

장미꽃 두 송이를 사서 각각 꽃병에 꽂고 한 꽃병에는 물만, 다른 꽃병에는 EM 활성액을 한 방울 넣은 후 며칠 동안 관찰해 보자. EM의 생리활성작용으로 EM 활성액을 넣은 꽃병의 장미꽃은 며칠이 가도 그대로 있지만, 물만 넣은 꽃병의 장미꽃은 산화가 진행돼 이내 시들시들해지고 마는 것을 볼 수 있다.

이처럼 EM 유용미생물의 힘을 이용하면 어떤 작물도 수경재배가 가능하고, 인삼 재배는 물론 산삼 씨앗도 EM 활성액으로 발아시키는 것이 가능하다는 이야기가 된다.

광합성세균과 유산균, 효모 등 3가지 EM 유용미생물의 작용은 다음과 같이 요약할 수 있다.

- 광합성세균: 토질 개선·작물의 생육 촉진·축사 악취 제거
- 유산균: 지력 증진·병원균 억제·소화기질병 예방
- 효모균: 유기물 분해·항균작용·각종 악취 제거

EM의 유용미생물은 이 3가지를 포함해 약 80여 종이나 되고, 이 미생물마다 또 각각 수십 가지의 세균으로 나누어지기 때문에 전체 미생물의 수는 엄청나게 많다. 유산균만 하더라도 수십 가지가 있다.

이렇게 엄청나게 많은 유용미생물이 서로 먹이사슬로 결합되어

상생하고 공조하고 있다. 따라서 적당한 배양 환경만 조성해주면 이들 유용미생물은 오염된 유기물을 먹이로 급속히 번식해 강력한 힘을 발휘하게 되는 것이다.

EM의 발견은 실로 대단한 것이다. 일본은 2000년 오키나와에서 열린 G7 정상회담에서 일본을 대표하는 기술로 EM을 소개했을 정도다.

이에 앞서 우리나라는 1990년 초 농업과 환경문제를 생각하는 사람들이 히가 테루오 박사를 국내로 초청해 EM의 효용성에 대한 강의를 시작으로 EM 환경센터, EM 환경학교 등이 생기면서 EM에 대한 홍보와 보급을 시작했다. 이후 2002년 국내 업체가 히가 테루오 박사와 본격적인 생산 계약을 맺었고, 2003년 전주대학교에 EM 연구개발단을 설립되면서 EM의 체계적인 연구와 개발, 보급에 나섰다. 히가 테루오 교수는 한 나라에 한 개씩의 기업이 EM을 생산할 수 있도록 했지만, 국내에서 EM의 원리를 이용해 독자적인 브랜드로 복합 미생물액제를 만들거나 EM을 분말로 개발해 판매하는 회사도 많이 생겨났다.

미생물이
자연과 농촌, 환경, 인간을 살린다

EM의 효용성이 새롭게 부각되면서 2005년을 전후해 국내 매스컴에서도 EM을 대대적으로 소개하기 시작했고 일반 국민들의 관심 또한 크게 늘어났다. 특히 EM은 버려지는 쌀뜨물을 배지로 일반 가정에서 누구나 손쉽게 배양해 활용할 수 있기 때문에 건강을 지키고 생활환경을 살리는 착한 효소로 인식되면서 많은 교육과 보급이 이루어졌다. 또 전국의 많은 지자체와 농촌 환경단체들도 EM 강좌를 열어 배양 방법을 가르쳐서 직접 배양할 수 있게 했다.

EM은 좋은 미생물의 항산화력을 이용해 생명을 연장시키는 것이다. 즉 우유에 유산균을 넣으면 요구르트가 되는 것과 같은 원리다.

일찍부터 미생물에 대한 연구가 활발하게 이루어진 일본의 경우 EM은 일반 국민들의 생활 속에 깊숙이 자리 잡고 있다. EM을 이용한 각종 건강식품과 생활용품의 개발은 물론 환경, 산업 분야에도 광범위하게 도입하고 있다.

일본에서 물의 도시로 유명한 후쿠오카현의 경우 도심을 흐르는 강의 수질을 EM으로 정화하여 산골짜기의 맑은 시냇물처럼 흐르게 하고 있다. 유용미생물이 유기질을 분해하기 때문이다.

또한 실내외 모든 설비와 환경, 음식물 등에 EM을 적용한 EM 호텔까지 들어서 아토피 환자들에게 큰 환영을 받고 있다. 덕분에 우리나라도 이젠 인터넷 오픈마켓에서 EM을 검색하면 건강식품에서 부터 설거지, 화초 키우기, 악취 제거 등에 사용되는 EM 제품이 다양하게 쏟아지고 있다.

EM의 강력한 세정작용과 살균작용, 소독과 악취 제거 효과는 이미 많은 분야에서 입증되고 있다. 심지어 EM을 이용해 냄새 안 나는 자동차를 개발하고 있기도 하다. 이처럼 유용미생물의 힘으로 자연에 생기를 불어넣고 생태계를 정화, 복원시키고 있으니 EM이야말로 정말 대단한 능력을 지닌 미생물이 아닐 수 없다.

가정에서 나오는 음식물 쓰레기를 보자. 우리나라의 연간 음식물 쓰레기 처리 비용은 자동차 수출액과 맞먹을 정도로 엄청나다. 음식물 쓰레기를 그대로 방치하면 썩고 악취를 풍기는 환경오염원이 되지만, EM을 이용해서 발효 처리하면 좋은 퇴비로 변해 토양을 개선하고 농작물의 성장을 돕게 된다. 또한 음식물 쓰레기나 축산분뇨에 톱밥을 섞어 EM 활성액으로 발효시켜 거기에 지렁이를 키우면 화장품이나 의약품 재료로 사용할 수 있다.

일반 폐기물 쓰레기도 소각해서 에너지로 사용한 후 그 재에 EM 활성액을 뿌려 땅에 묻으면 땅속에서 빨리 분해돼 토양을 살릴 수 있다. 소각하지 않고 매립지에 묻을 때에도 일단 침출수가 새어 나오지 않게 조치한 후 폐기물을 분쇄해 EM을 섞어 흙과 함께 매립하면 빨리 분해되기 때문에 하천 오염을 줄일 수 있다.

EM은 환경과 농축산, 일상생활의 모든 분야에 이 같은 원리의 활용이 가능하다는 점에서 그야말로 획기적인 물질이 아닐 수 없다.

미생물이
농수축산업을 바꾼다

EM의 토양 개선 효과는 놀라울 정도다. EM은 토양 속에 원래 존재하는 유용미생물의 활동을 활성화시켜 주기 때문에 기존의 화학비료를 사용하는 농법의 한계를 뛰어넘는 수확량의 증가를 가능하게 만든다. 실제로 전주대 EM 연구개발단의 조사한 바에 의하면, 작물재배에 EM을 사용하자 나쁜 기후에도 불구하고 수확량이 평균 20%나 증가한 것으로 나타났다.

EM으로 발효시킨 퇴비흙을 쓰기도 하지만 논밭 근처에 EM 저장탱크를 만들어 놓고 축산농가에서 EM으로 발효시킨 액상분뇨를 분양받아 온 후, 탱크 안에 넣고 다시 EM으로 발효시켜 활성이 살아 있는 액제로 만드는 방법도 있다. 이 발효액을 적정 비율로 물에 희석하여 겨울철 논과 밭에 뿌리면 겨울 내내 발효가 이루어져 그다음 해의 수확량을 높일 수 있다.

또한 화초와 작물도 EM 활성액을 적절히 희석해 살포하여 재배하면 병충해도 없고 3배 이상의 수확을 안겨주며, EM 활성액을 물과 희석해 식물 잎사귀의 옆면과 뒷면에 꾸준히 살포하면 병충해를 방제하는 효과가 크다.

가축의 사료도 EM 활성액으로 발효시켜서 가축에게 먹이면 잘 크고 병에 잘 걸리지 않게 된다. 축사 바닥에 EM 활성액을 뿌린 후 짚이나 왕겨를 깔면 냄새가 나지 않는 퇴비가 만들어지며, 이 퇴비와 배설물을 다시 발효시켜 생성된 메탄가스는 에너지로도 활용할 수 있다. 또 새끼를 낳기 전 어미 돼지를 EM 활성액을 희석한 물로 목욕시키거나 뿌리면, 새끼가 병해충에 강할 뿐 아니라 모기나 파리가 많이 끓지 않고 구제역과 같은 가축 전염병에도 거의 걸리지 않는다.

이뿐만이 아니다. 연못이나 양식장에 EM 활성액을 사용하면 물고기 폐사가 거의 없는데, 이는 물고기의 변을 EM이 분해해 유기물이 없는 물을 유지시켜 주기 때문이다. 일반 가정에서도 관상어를 키울 때 어항 속에 EM 활성액을 넣으면 광합성세균이 활동하기 때문에 별도로 산소공급기를 설치하지 않아도 된다.

바다 양식장 또한 먼저 민물을 옅게 희석한 바닷물로 EM 유용미생물로 발효액을 충분히 만들어 놓고, 녹조가 왔을 때 황토와 섞어 뿌리면 그 피해를 현격하게 줄일 수 있다.

한편 EM 유용미생물은 산소의 공급 없이 살기 때문에 갯벌도 살린다. 광합성세균에 의해 산소가 살아나고 배설물을 분해해서 물을 정화시키기 때문이다. 또한 EM 유용미생물을 이용하면 녹조의 엽록소를 70%나 감소시킬 수 있고, 화학적 산소요구량Cod도 50% 이상 감소시킬 수 있다.

미생물이 만드는
건강한 세상

EM은 짧은 역사에도 불구하고 국내에서도 다양한 연구와 실험이 이루어지면서 악취 제거, 화장실과 목욕탕 청소, 세차, 수질 정화, 음식물 퇴비화, 해충 퇴치, 피부질환 개선 등에서 탁월한 효능이 속속 입증되고 있다.

그중에서도 EM의 악취 제거 효과는 매우 놀랍다. 지난 2011년, 구제역으로 인해 2만여 마리의 돼지를 살처분해서 매장한 경북 경주시 안강면 매립지에 EM 처리를 한 결과 악취가 93%나 감소했다. 이 기간 동안 EM 처리를 하지 않은 다른 곳은 악취가 44%나 증가했다.

곰팡이나 담배 냄새가 나는 방, 사무실, 업소 매장, 자동차 안 등에도 EM을 뿌리면 퀴퀴하고 찌든 냄새, 악취가 깨끗이 사라지는 것을 경험할 수 있다.

EM의 유해균을 유익균으로 바꾸는 정상세균총 작용과 유기물 분해 능력 등을 이용하면 각종 피부염과 구내염은 물론 고질적인 무좀도 잡을 수 있다. EM 활성액을 발에 계속 바르거나, 특히 앞부분에 물이 빠지는 슬리퍼에 EM 활성액을 넣어 하루 10분 정도씩 며칠만 신으면 고질적인 만성습진과 무좀, 심지어 발톱무좀까지도 사라진다. 실제로 인터넷에는 직접 EM 활성액을 만들어 발랐더니 무좀이 없어졌다는 경험담이 많이 올라와 있다. 이것은 어떤 약에도 듣지 않는 습진과 무좀균 바이러스를 강력한 유용미생물인 EM이 굴복시킨 결과다. EM 활성액 대신 유용미생물인 버섯균사체 발효액을 대신 사용할 때도 이와 같은 결과가 나타난다.

또한 EM 활성액을 물에 희석해 가습기 세정제로 이용하면 감기를 비롯한 호흡기질환을 예방하고 비염까지도 사라지게 된다. 이외에도 EM은 여성들의 냉증과 건선에 효과가 있고 마사지에 활용되기도 하니, 이 정도면 정말 전천후 물질이 아닐 수 없다.

특히 EM의 강점은 종균이나 발효액의 가격이 비교적 싸고, 가정에서도 쌀뜨물이나 밀가루, 당밀 등을 이용해 누구나 손쉽게 배양해 사용할 수 있기 때문에 우리 실생활에서 더욱 편리하고 유용하게 활용할 수 있다는 것이다.

발효를 촉진하는 유용미생물 복합체인 EM의 성질과 습성을 잘 이용하면 자연과 환경, 건강을 살리는 것은 물론 여러 분야에서 우리 생활의 미래를 바꿀 수 있는 바람직한 일들이 생겨날 것이다.

80여 종의 유용미생물을 합성한 종균은 그 어떤 미생물보다도 강력하다. 현재 EM 원액종균은 여러 회사의 연구소에서 만들고 있기 때문에 모든 종균의 기능과 힘이 다 똑같지 않고 연구소마다 차이가 있다. EM도 각 분야마다 특성을 갖고 발전해 나가고 있어서 그 기대치가 더 높은 것이다.

실제로 원액종균으로 발효액을 만들어 항산화력수치ORP를 측정하면 원액보다는 다소 떨어지지만 쇠의 부식을 막을 정도로 강력한 것을 알 수 있다. 이 정도의 항산화력이면 모든 생명체를 건강한 상태로 유지시키기에 충분하고도 남는 힘이다.

이 같은 EM의 강한 산성은 구제역의 예방에도 큰 힘을 발휘한다. 구제역 바이러스는 pH6.0 이하의 산성과 pH9.0 이상의 강한 알 칼리성에서 급격히 활력을 잃기 때문에 EM으로 구제역 바이러스를 차단하거나 확산을 막을 수 있다. 구제역 바이러스뿐만 아니라 우리 인간을 괴롭히는 각종 바이러스도 EM의 힘으로 제압할 날이 멀지 않았다.

EM을 알게 되면서 깨달은 것이 있다. 오늘날 도시 아이들이 질병에 취약하고 성인이 되어서도 병약한 이유 중의 하나가 자라면서 흙 속에 있는 유익한 토양 미생물을 접할 수 없어 유해균으로부터 자신을 지키는 면역 훈련이 제대로 이루어지지 않았기 때문이라는 사실이다.

예전의 아이들은 어려서 흙 속에서 뛰놀며 흙을 먹고 살았고, 흙 속에 있는 토양 미생물들과 접촉하며 면역 훈련이 되었기 때문에 성 인이 되어서도 건강했다. 그러나 지금 도시 아이들은 성장기에 그렇게 하지 못하기 때문에 성인이 되어도 각종 질병에 취약해진 것이다. 이것만 보더라도 광합성세균과 유산균, 효모균 등으로 이뤄진 유용 미생물 복합체인 EM의 등장은 자연과 환경은 물론 인간의 건강을 살리는 소중한 기회이자 축복이다.

이처럼 EM은 한 시대, 한순간의 유행이 아닌 시대의 필연적 요 구다. 착한 미생물 EM과 우리는 이제 더욱 가까워질 필요가 있다.

미생물의 습성을 알면
누구나 발효기술자

EM뿐만 아니라 각종 미생물의 습성을 잘 알게 되면 식품의 발효 효율을 크게 높일 수 있고 누구나 발효기술자가 될 수 있다. 미생물의 성질을 알고 잘 이용하는 것이 곧 발효 기술이기 때문이다.

한 예로 미생물의 습성을 잘 알면 매실을 비롯한 과일 발효액이나 산야초 발효액도 지금처럼 1대 1의 설탕을 사용하지 않고도 무설탕이나 소량의 설탕만으로 담글 수 있다.

가장 중요한 것이 먹이와 온도 등 미생물의 번식 환경이다. 미생물은 먹이인 탄수화물, 당분이 없으면 활동할 수 없다. 미생물이 먹이로 삼는 과당의 농도, 즉 브릭스Brix는 약 10% 정도이다. 이 당도 10%의 환경에서 미생물은 가장 활발하게 활동하며, 과당이든 설탕이든 이 정도의 당분만 있으면 먹이로 삼기 충분해 번식하는 것이다. 그런데 10%의 당도는 미생물의 생육에 최적의 조건이지만 그 상태가 계속 유지되면 발효가 아닌 부패의 길로 가게 된다.

효모균이나 유산균, EM균, 버섯균사체 등의 미생물도 당도 10%에서 가장 활발하게 활동한다. 이보다 더 달거나 달지 않으면 활동이 느려진다. 그래서 지금까지 1대 1로 설탕을 넣은 상태에서는 미생물이 살 수 없었고 발효도 이루어지지 않는 것이다.

미생물이나 인간이나 다를 바 없다. 사람이 먹든 미생물이 먹든 어떤 먹을거리도 당분이 20%를 넘으면 몸에 해롭고 싫어한다.

미생물이 좋아하는 온도는 대체로 인간의 체온과 비슷한 섭씨 35℃ 전후이다. 사람이나 미생물이나 생육 온도의 조건은 비슷하다. 효소 역시 상온이나 체온 정도의 온도에서 가장 잘 활성화된다. 그래서 발효할 때 30℃ 이상의 온도가 좋다고 하는 것이며, 막걸리를 담글 때 항아리를 방 아랫목에 두고 이불을 덮어주거나 부엌 부뚜막 한쪽에 식초병을 두는 것도 바로 이 때문이다.

온도가 너무 높아지면 미생물은 당연히 살 수 없게 되며, 너무 낮아도 발효 속도가 느려져 오랜 시간이 걸리게 된다. 따라서 최적의 당도와 온도를 유지하면 미생물은 기하급수적으로 번식해 눈 깜짝할 사이에 모든 발효를 끝내게 된다.

이 같은 미생물의 기본적인 습성만 잘 알고 응용하면 그 어떤 발효도 어렵지 않게 해낼 수 있다. 누구나 발효기술자가 될 수 있는 것이다.

알아 두면 쓸모 있는 발효 상식

주방용 세제

발효액을 20~30% 섞어 사용하면 거품은 적게 일어나지만 합성세제 피해를 막을 수 있다.

도마

100~500배로 희석한 발효액을 뿌리면 세균이 사라진다. 현미식초와 소주를 발효액과 동량으로 혼합하면 효과가 더욱 좋다.

행주

100~500배로 희석하여 담가두면 삶지 않아도 깨끗하고 냄새가 나지 않는다. 현미식초와 소주를 발효액과 동량으로 혼합하면 효과가 더욱 좋다.

주방의 찌든 때

키친타올이나 화장지에 발효액을 묻혀 하룻밤 붙였다가 떼면 힘들이지 않고 제거가 가능해진다.

기름때

100배 희석해 식초를 동량 섞어 닦는다.

불판과 후드

5~6시간 담가 둔 후 닦으면 찌든 때와 녹이 사라진다.

음식 냄새

100~500배 희석해서 뿌리면 사라진다.

냉장고 냄새

1,000배 정도 희석해서 뿌리면 냄새를 없앨 수 있다.

채소와 과일

10배 희석하여 10분 담가 둔 후 씻으면 잔류농약이 중화되고 항산화물질이 증가한다.

세탁기

세탁물 5kg당 발효액 100ml를 투입하고 2~3시간 후에 기존 세탁세제의 2/3를 넣고 돌린다. 세제 잔여물이 남지 않으며 오래하면 세제를 사용하지 않아도 된다. 거품은 없어도 훨씬 깨끗하게 헹굼 대용으로 사용할 수 있다.

와이셔츠
와이셔츠 목 때는 10분 정도 희석액을 발라두었다가 세탁한다.

이불과 빨래 말릴 때
100~500배 희석하여 뿌려서 말리면 정전기가 해소된다.

흰빨래
저녁에 담가두었다 아침에 세탁한다.

침구류
100~500배 희석해서 뿌리면 바퀴벌레가 접근하지 않는다. 또 집먼지진드기가 사라지고 섬유의 탄력성이 좋아지며 카펫올이 살아난다. 현미식초와 소주를 동량 혼합하여 사용하면 효과가 배가된다.

수조 물탱크
쌀뜨물 발효액을 수조량의 1/5,000가량 일주일 간격으로 넣는

다. 이렇게 7회가 지나면 보름 간격으로 넣고 3회 이후 균이 정착하면 2개월에 1회씩 넣는다. 이렇게 하면 수돗물 속의 화학성분이 분해되고 수조에 가라앉은 찌꺼기를 분해해 맑은 물을 쓸 수 있다. 뿐만 아니라 미생물이 분해작용을 하면서 생성되는 항산화물질은 수도관의 녹을 방지하기 때문에 수도관의 수명이 7배 이상 더 유지되며, 수도관 내부에 붙어 있는 많은 불순물을 제거하여 수압을 높여준다.

어항
쌀뜨물 발효액을 수조량의 1/10,000가량 월 2회 넣으면 물이 깨끗해지고 어항 안에 비린내가 없어지며 관상어들의 활동이 활발해진다.

과일
과일 위에 뿌리면 초파리가 달려들지 못한다. 당일 쓸 만큼만 섞어 사용하는 것이 좋다.

여성청결제
무좀이나 곰팡이 진균증, 건선은 목욕하고 EM 발효액을 바르면

낫는다. 물론 이때는 음식관리를 같이 해야 근본적인 치유가 이뤄진다. EM 발효액에 쑥을 넣고 발효시키면 여성청결제가 된다.

양치질

EM 발효액으로 양치를 하면 입 안에서 냄새가 나지 않으며 치은염을 예방하고 풍치가 없어진다.

음식물 쓰레기

음식물 쓰레기는 EM 쌀뜨물 발효액을 뿌리고 그 위에 음식이 보이지 않을 정도로 흙을 덮어주는 것을 반복해 일주일 후에는 비닐에 꽁꽁 묶어 따뜻한 곳에 둔다. 음식물 쓰레기통 밑에 있는 물은 페트병에 EM 발효액을 좀 더 넣고 일주일 정도 발효시켜 뿌린다. 음식물 찌꺼기를 통에 넣을 때마다 쌀뜨물 발효액을 골고루 뿌리고 밀폐되도록 뚜껑을 꼭 닫는다. 이때 부패한 음식은 넣지 말아야 한다. 음식물이 꽉 차면 4~5회 더 발효시키고 텃밭에 사용한다. 냄새가 날 때는 발효액을 뿌리고 과일 껍질이나 녹차 찌꺼기, 고추, 쑥 등을 깔면 좋다.

작물의 파종 또는 옮겨심기

7~15일 전에 흙과 발효된 음식 찌꺼기를 2대 1로 잘 섞는다. 흙, 음식 찌꺼기, 흙 순서로 층층이 쌓고 비닐이나 신문으로 덮개를 만들어 씌운다. 표면에 하얀곰팡이가 피어나면 윗부분부터 가볍게 섞어 식물을 심는다. 여기까지는 대략 3주가 걸리며 수분이 적당할 때 10일이 지나면 음식 찌꺼기 형체가 없어진다.

식물이 있는 경우는 좀 떨어진 곳에 조금씩 묻는다. 나무는 1~2m 거리를 두고 묻되 가능하면 배수를 잘 되게 한다. 발효된 음식물을 7~15일이 지나기 전에 파종하거나 옮겨 심으면 pH 문제나 고열 발생, 토양 속의 급격한 산소 소비 등 식물의 뿌리 생육에 큰 문제가 발생할 수 있기 때문에 주의해야 한다.

바디액과 샴푸

발효액을 4대 1로 혼합해 사용하고 린스로 사용할 때는 발효액만 10~100배 희석한다.

목욕물

1,000배 희석해서 사용한다. 습진과 두드러기, 겨드랑이 냄새가 제거된다. 목욕물을 구석이나 벽면에 뿌리면 곰팡이가 생기지 않고 타일이 윤기가 난다. 목욕이 끝나면 몸에 뿌려도 좋다. 변기에 흘려보내면 요석 생성을 억제하고 청소가 간편해 세제가 경감된다. 악취도 억제된다.

화장실 수세탱크

500배 희석하여 200㎖를 월 4회 흘려보내면 악취가 없어진다. 변기에도 뿌린다.

유리 닦기

10~100배 희석해서 사용한다.

가구

100배 희석하되 흰 가구는 1,000배를 희석한다.

옷장

500배 희석해 뿌리면 좀을 예방하고 옷의 산화를 방지한다.

새집증후군

1,000배 희석해서 마루와 벽면에 뿌리면 새집증후군을 유발하는 원인물질을 중화시킨다.

신발장과 쓰레기통

300배 희석해서 냄새가 나는 곳과 주위에 뿌린다. 2~3일 안으로 해충이 사라지고 곰팡이도 없어진다.

반려동물

100배 희석해 뿌리면 반려동물 특유의 체취와 귀 냄새가 없어지고 기생충의 서식을 막아준다.

화장실 정화조

매일 조금씩 뿌리면 악취가 제거되고 수질이 개선된다.

화초

500~1,000배 희석해서 뿌리면 건강하게 자란다.

CHAPTER 3

발효야!
놀자

발효에 관여하는 유용미생물인 세균은
효모와 곰팡이 등 그 종류가 매우 다양하고
재료와 계절에 따라 분포도 다양하다.
따라서 지역과 민족의 특성에 따라
그 종류도 다를 수밖에 없고, 맛도 단맛과 쓴맛,
신맛, 짠맛 매운맛, 떫은맛 구수한맛 등으로
매우 다양하다.

발효 바로 알기

발효에 대한
착각

'산야초 발효액에는 효소가 없다. 그냥 설탕절임물이다.'

　모 종편의 효소에 관한 방송이 사람들을 큰 혼란에 빠뜨렸다. 집에서 설탕을 이용해 매실이나 산야초를 담근 사람들은 먹어야 할지 먹지 말아야 할지 혼란스럽다. 아니 패닉에 빠진 사람도 많다.

　"액상효소가 몸에 좋다고 해서 온갖 과일과 산야초로 효소를 담갔는데 설탕절임물이라구?"

　뭔가 큰일이라도 난 것처럼 아는 사람들에게 전화해서 먹지 말라고 한다. 집에 여러 가지 과일과 산야초를 담가 놓은 사람들은 어떻게 해야 할지 헷갈린다.

우리나라 당뇨 환자는 인구 10명당 1명으로 공복혈당이 당뇨 직전 단계인 전당뇨환자가 인구 10명당 2명인 것을 고려하면 10명 중에 3명은 당뇨위험군에 놓여 있고, 50대 이상은 2명 중 1명이 당뇨위험군에 있는 것이 현실이다. 따라서 고당도의 액상 발효액을 무분별하게 먹는 것은 분명 문제가 있기 때문에 이 문제에 경종을 울린 종편의 기획의도 자체는 매우 시의적절했다고 할 수 있다.

　그러나 방송의 문제점 또한 짚고 넘어가지 않을 수 없다. 한 예로 구제역이 전국에 급속도로 퍼져갈 때 가축에게 액상 발효액을 사료에 적정 수준으로 섞어 먹인 축산농가에서는 거의 피해가 없는데, 이와 같은 발효액의 순기능을 완전 무시한 점이 문제인 것이다.

이 방송은 설탕을 넣어 만든 산야초 발효액도 과도하게 섭취하지 않는다면 인체 생리활동의 활성화에 매우 긍정적인 영향을 미치고 있다는 점을 간과했다. 단지 유산균이나 효모 수에 초점을 맞춰 산야초 발효액 자체를 기피하게 만드는 심각한 편파보도를 한 것이다.

또 이 종편은 산야초 발효액으로 암을 고친 사람이 한 사람도 없다며 도라지를 놓고 생물과 생즙, 달인 즙, 설탕으로 담근 발효액의 사포닌 성분을 비교하는 방송을 했다.

실험 대상이나 방법, 과정이 적절했는지 모르지만 실험 결과, 도라지 생물에 사포닌이 가장 많았고 그다음이 생즙, 달인 물, 설탕 발효액 순으로 나왔다. 그러자 사회자는 자기 같으면 설탕 발효액을 먹지 않고 생즙을 먹겠다고 말했다. 그런데 비교 자체에 무리가 많았다. 먼저 사포닌만이 도라지만의 유용 성분이나 그 전부가 아니다. 동의보감에도 도라지는 쓰고 떫으며 독성이 있다고 했다. 그래서 예로부터 생도라지는 쌀뜨물에 담가 쓴맛을 빼고 약이나 요리로 해 먹었다. 그럼에도 사회자는 자기 같으면 설탕으로 발효시킨 발효액을 먹지 않고 생즙으로 먹겠다고 말한 것이다.

같은 도라지라고 하더라도 먹는 사람의 질병이나 영양 상태, 소화기능 상태에 따라 생으로 먹어야 할 때가 있고 익혀 먹어야 할 때가 있으며, 중탕을 해 먹어야 할 때도 있고 발효시켜서 먹어야 할 때가 있는 것이다.

액상효소와
효소 식품

효소와 발효액은 어떤 차이가 있을까.

현재 매실 발효액과 산야초 발효액을 비롯한 액상효소는 효모와 유산균 수를 기준으로, 곡류 효소는 아밀라제와 프로테아제 두 가지 성분을 기준으로 검사해서 식약처의 규정 수치가 충족되면 이를 효소 식품으로 부르고 있다.

그러나 이 잣대를 그대로 인용해 소화, 분해에 도움이 되는 관점에서 효소 식품의 여부를 따지는 것은 문제가 있다. 또 액상의 산야초 발효액 속에는 효소 식품의 요건인 미생물과 유산균의 수가 적기 때문에 효소가 아닌 발효액이라고 불러야 한다고 이야기한다.

그렇다면 효소는 뭐고 발효액과는 어떤 차이가 있을까. 물론 많은 사람이 혼란스러워 하는 만큼 용어의 통일은 있어야겠지만 실상은 같은 말로서 차이가 없다.

앞서 언급했듯이 효소에는 체외효소와 체내효소가 있으며, 체외효소는 우리 몸의 외부에서 얻는 효소, 과일이나 산야초, 날생선과 생고기 등에 존재하고 있는 생리활성물질이다. 우리는 이들 체외효소를 먹어 그 음식물의 소화에 필요한 소화효소를 보충하고 몸속에서 만들어지는 체내효소의 생성을 돕는다.

과일이나 산야초 속에도 이 효소와 보효소가 들어 있고, 이것을 발효시켜 만든 매실 등 과일 발효액이나 산야초 발효액에도 효소와 비타민, 미네랄이 풍부하게 들어 있다. 따라서 과일 발효액이나 산야초 발효액을 '효소'라고 부르는 것 자체가 전혀 틀린 말이 아니다. 만일 이것이 틀렸다면 과일 발효액이나 산야초 발효액을 식물 발효액이라고 부르는 것도 옳지 않기 때문이다.

발효액의 뜻 자체가 발효가 된 발효액, 액상液狀의 결과물이란 것이다. 발효는 당연히 미생물에 의해 이루어지기 때문에 과일 발효액이나 산야초 발효액으로 부르는 것은 미생물에 의해 발효되었다는 것을 인정하는 것이나 다름없다.

　　그러나 여기에 모순이 존재한다. 그들은 과일과 산야초를 설탕과 1대 1의 비율로 담갔기 때문에 설탕의 방부작용으로 인해 미생물이 활동하지 못하고, 그럼으로써 발효가 이루어지지 않았다고 주장한다. 그렇기 때문에 단순한 설탕물에 불과하다고 하면서도 발효액이라고 불러야 한다는 것은 이율배반이다.

　　만약 발효가 되었다면 진짜 발효액이라는 표현이 맞다. 그러나 발효가 되지 않았다고 한다면 발효액이라는 말도 사용하지 말아야 하는 것이다. 효소의 정확한 분류를 위해 군이 이름을 바꿔야 한다면 매실 발효액은 '매실 발효 숙성액', 산야초 발효액은 '산야초 발효 숙성액'이라는 표현으로 부르는 것이 맞다. 현재 가정에서 담그거나 시장에서 유통되고 있는 액상 발효액은 발효보다 당분의 힘을 빌려 오랫동안 숙성시켜 얻고 있기 때문이다.

과일 발효액과 산야초 발효액의
소중한 가치

무엇보다 과일이나 산야초의 약성, 약리적 성분을 무시해서는 안 된다. 지금은 환경이 많이 파괴되고 오염됐지만 아직도 깊은 산속이나 들판에는 인간에게 필요한 모든 약이 사람이 사는 집의 반경 5백 미터 안에 있다. 이름 모를 약초들이 바로 우리 인간에게 필요한 약들인 것이다.

신은 인간을 위해 각종 산야초 속에 약을 숨겨 두었다. 우리 민족이 조상 대대로 먹어 온 약초, 한약재가 사실은 과일이며 산야초다. 태초부터 인류는 과일과 약초에서 약을 얻었고, 약으로 만들어 썼다. 현대에 와서도 제약회사들은 이름 없는 산야초의 성분에서 추출한 물질로 신약을 개발하는 경우가 많다.

가정에서 많은 사람이 매실 50%와 설탕 50%를 섞어 담가 먹고 있는 매실 발효액만 하더라도 그 안에 우리 인간에게 이로운 매우 유용한 성분이 많이 들어 있다. 매실 발효액 적당량을 물에 희석해서 마시면 피로를 풀어주고 갈증을 달래준다. 또한 체기가 있을 때 매실 발효액 원액에 물에 타서 마시면 체증이 해소되는 효과가 있다. 개복숭아효소는 기침에 좋고, 개똥쑥효소는 머리를 맑게 하며 암에 효과가 있다.

비록 설탕과 1대 1로 섞어 유산균 수와 효모균 수가 적고 설탕으로 절인 물이라고 할지라도 매실은 매실대로, 개복숭아는 개복숭아

대로, 개똥쑥은 개똥쑥대로 폴리페놀 등 각각의 고유 약성과 항산화 성분의 물질을 갖고 있는 것이다.

이처럼 많은 사람이 과일이나 산야초 발효액을 먹고 실제로 효과를 보고 있다.

광합성으로 자란 풍부한 엽록소와 식물 고유의 강력한 항산화제인 파이토케미컬Phytochemical도 산야초가 갖고 있는 최고의 물질이다.

파이토케미컬은 식물 자체의 생장을 방해하는 경쟁식물이나 각종 미생물과 해충 등으로부터 자신의 몸을 보호하는 식물의 화학물질이다. 사람의 몸속에서 산화를 막아주고 세포 손상을 억제하는 작용을 하기 때문에 5대 영양소 다음의 매우 중요한 영양소 가운데 하나로 조명되고 있을 정도다.

이런데도 과일과 산야초가 발효되지 않았기 때문에 그 액상의 추출액 속에 빠져나온 물질을 무시하고 무조건 설탕물, 설탕절임물에 불과하다는 것은 큰 무리가 있다.

발효와 부패의
차이

매실과 같은 과일이나 산야초에 설탕을 넣고 발효시키면 색깔이 점차 진한 갈색으로 변해가는 것을 볼 수 있다. 이것을 보고 발효가 잘 되었다거나 과즙이 잘 우러나왔다고 생각하는 사람이 많은데, 이것은 식품에서 나타나는 일반적인 갈변褐變 현상 때문이다.

갈변이란 식품의 저장, 가공, 조리 과정에서 식품이 갈색으로 변하는 현상이다. 갈변에는 효소가 관여해서 갈색으로 변하는 '효소적 갈변', 효소가 전혀 관여하지 않는데도 갈색으로 변하는 '비효소적 갈변'이 있다. 색깔이 갈색으로 변하는 현상이 다 바람직한 것만은 아니다. 바람직한 갈변과 그렇지 않은 갈변이 있기 때문이다.

된장이나 간장, 커피처럼 방향芳香 성분이 생성되면서 항산화물질이 발생하여 갈색으로 변하는 것은 바람직한 갈변 현상이라고 할 수 있다. 그러나 보통 오래되거나 먹다 남은 사과와 배, 감자, 과즙 등의 과실 그리고 유제품과 빵, 비스킷 등 가공식품, 육류 등의 색깔이 갈색으로 변하는 갈변 현상은 바람직하지 못한 경우에 속한다.

따라서 매실 등의 과일이나 산야초에 설탕을 넣고 발효시킬 때 색깔이 진한 갈색으로 변하는 것은 바람직한 갈변 현상의 하나일 뿐 발효가 잘 되었다거나 설탕의 힘 때문이 아니라는 이야기이다.
무엇보다도 탄수화물인 설탕은 역시 탄수화물인 과일이나 산야초를 분해, 변화시킬 수 없다. 오직 미생물만이 가능하다. 자연계 속에 존재하는 효모와 공기 중의 유용 세균, 산야초의 잎과 줄기에 붙어 있는 미생물이 산야초를 발효시키기 위해서는 산야초 속에 든 과당을 먹이로 삼아야 한다.

그런데 사람들은 마치 설탕이 산야초와 과일을 분해시키는 것으로 착각하고 있다. 설탕은 설탕일 뿐 산야초와 과일을 발효시키는 미생물이 아니다. 단지 적당한 양의 설탕은 미생물이 필요로 하는 먹이가 되어 미생물의 활동을 활발하게 하고 이로 인해 발효가 잘 되게 하는 것이다.

과일과 산야초를 발효시키는 것은 과일과 산야초의 잎과 줄기에 붙어 있는 미생물, 그리고 공기 속에서 함께 들어왔거나 사람의 손에 붙어 있는 미생물이다. 하지만 이들 미생물도 과일과 산야초를 사전에 세척하면 대부분 씻겨 나가기 때문에 그 양이 극히 미미하다. 물론 세척을 하지 않은 재료에는 미생물이 많다. 이들 미생물은 적당한 당도와 온도, 습도 등을 유지하면 앞서 말했듯이 무서운 속도로 빠르게 번식해서 그 대상을 발효 부식시킨다.

발효와 부패는 종이 한 장의 차이 같지만 실제로는 완전히 다르다. 발효란 효모나 세균 등의 미생물이 에너지를 얻기 위해 유기화합물을 분해해서 알코올이나 유기산류, 이산화탄소 등을 생성시켜 가는 과정이다. 즉 유용미생물에 의해 물질의 성분이 변화를 일으킨 항산화물이라 할 수 있다. 유용미생물이 자신의 효소로 유기물을 분해 또는 변화시켜 각기 특유의 최종 산물을 만들어 내는 현상으로 유기화합물을 산화, 환원 또는 분해, 합성시키는 반응인 것이다.

이에 비해 부패는 발효와 마찬가지로 미생물이 유기물에 작용해서 일으키는 현상이라는 점은 같지만, 그 과정에 여러 생육 조건이 맞지 않아 이상 발효를 일으키거나 부패를 일으키는 잡균이 침투해 유기물이 썩어 산화된 것이다. 이렇게 유기물이 부패하면 유독가스를 생성해 사람이 먹을 수 없게 된다.

　따라서 우리가 이용하려는 물질이 만들어지고 먹을 수 있으면 발효라고 하고, 유해하거나 원하지 않는 물질이 되어 먹을 수 없으면 부패인 것이다.

설탕은 미생물의 먹이이자
식품 보존성을 높이는 방부제

인류는 기원전 6000년부터 효모를 맥주 제조에 사용했고 곰팡이를 이용해 치즈를 만들었으며 초산균을 이용해 식초를 만드는 등 발효라는 단어가 생기기 이전부터 곰팡이와 유산균을 발효에 이용해 왔다.

발효에 관여하는 유용미생물인 세균은 효모와 곰팡이 등 그 종류가 매우 다양하고 재료와 계절에 따라 분포도 다양하다. 따라서 지역과 민족의 특성에 따라 그 종류도 다를 수밖에 없고, 맛도 단맛과 쓴맛, 신맛, 짠맛, 매운맛, 떫은맛, 구수한맛 등으로 매우 다양하다.

식품을 발효시키는 이유는 이런 독특한 맛과 향을 만들어 줄 뿐만 아니라 무엇보다도 오래 보관할 수 있는 저장성을 높이는 효과가 크기 때문이다.

우리 민족의 전통적인 발효 식품으로는 간장과 김치, 젓갈, 식초, 식혜, 술 등이 있으며, 서구 식품으로는 요구르트나 치즈 같은 유제품, 훈제 육포, 와인 등을 들 수 있다.

매실 등의 과일 발효액과 산야초 발효액도 같은 맥락에서 유용미생물의 힘을 빌려 맛과 향을 좋게 하고 저장성을 높이기 위해 만드는 발효 식품이다.

그런데 과일과 산야초는 수분 함량이 높기 때문에 미생물이 가장 활동하기 좋은 여건인 10% 정도의 당도나 염도에서 발효시키면 금방 썩어버리고 만다. 부패균이 증식하기에 최적의 환경이기 때문이다. 그래서 미생물의 적당한 먹이가 되면서도 부패를 방지하기 위해 넣는 물질이 바로 설탕이며 소금이다.

이 세상에는 식품의 부패를 막아주는 네 가지의 식용물질이 있는데 그것은 바로 설탕과 소금, 식초, 기름이다. 매실 등 과일이나 산야초를 설탕과 1대 1 정도의 비율로 섞어 놓으면 절대로 부패하지 않는다. 생선을 소금에 1대 1로 절여도 역시 썩지 않으며 식초나 기름에 넣어도 마찬가지다.

예를 들어 팥을 보자. 식품 중에서 가장 부패가 빠른 식품이 팥이다. 팥은 삶자마자 공기 중의 세균들이 달려들어 부패를 시키기 시작한다. 그래서 조금만 지나도 쉰 냄새가 나서 먹을 수 없게 된다. 그런데 팥빵이나 찐빵, 팥빙수에 들어간 팥은 왜 상하지 않고 오래 보존될까. 그 까닭은 방부제인 설탕을 가득 넣어 그야말로 설탕범벅으로 만들어 놓기 때문이다. 설탕을 잔뜩 넣으면 미생물과 세균이 번식하지 못하기 때문에 부패하지 않아 식품으로써 그 보존성이 높아지는 이유다.

이처럼 진한 농도의 설탕과 소금, 식초, 기름 속에서는 미생물이 활동할 수가 없다. 아예 생존 자체가 불가능하다. 그래서 처음에는 활발하게 활동하다가 설탕이 녹으면 미생물은 활동을 멈추고 발효 자체 역시 멈추게 된다. 하지만 미생물의 활동을 활발하게 만들기 위해 당도나 염도 10%의 환경을 조성하면 이내 부패하게 되니 이런 딜레마가 없다. 즉 설탕과 소금을 너무 적게 넣으면 금방 썩고, 너무 많이 넣으면 발효가 안 되거나 빨리 진행되지 않는 어려움이 있는 것이다.

된장이나 고추장, 간장의 경우는 염도가 약 15%에서 20% 정도이다. 이 정도의 염도에서는 대부분의 미생물이 활동을 못 하지만 이 가운데서도 강한 염도에 살아남아 활동하는 미생물이 있다. 된장과 고추장, 간장을 발효시키는 미생물은 바로 이런 강한 염도에 살아남아 활동한다.

미생물도 인간과 마찬가지로 자신이 처한 환경에 적응해 스스로 변하면서 강인한 생명력을 유지한다. 이른바 적자생존이다. 혹독한 환경에 적응하지 못하는 미생물은 죽고, 스스로 적응해서 힘을 키워나가는 미생물은 생존한다. 이것이 계대배양繼代培養이다.

　강한 미생물만 골라서 배양하는 것이 아니라 환경에 적응해 살아남는 강한 미생물이 배양돼 강병으로 변하는 것이 바로 계대배양이다. 이런 계대배양을 통해 과학자나 효소업체들은 강한 미생물을 키워내고 역가가 높은 발효 식품을 만들어 낸다.

　그러나 50%의 높은 당도 속에서 살아남는 미생물은 없다. 그렇지만 매실이나 산야초 발효액을 부패시키지 않고 잘 발효시켜 오래 보관하기 위해서는 어쩔 수 없이 1대 1로 넣고 있는 것이 설탕인 것이다.

과즙과 수액을 우려내는
설탕의 삼투압 현상

설탕은 방부제로써 뿐만 아니라 매실 등의 과일이나 산야초를 담글 때 그 과즙이나 수액이 잘 우러나오게 하는 데에도 매우 중요한 역할을 한다. 바로 삼투압滲透壓 현상 때문이다. 삼투압이란 농도가 다른 두 액체를 반투막으로 막아 놓았을 때, 용질의 농도가 낮은 쪽에서 농도가 높은 쪽으로 용매가 옮겨가는 현상에 의해 나타나는 압력이다. 한마디로 두 물질 간의 압력차에 따라 저농도의 용액이 고농도 용액으로 옮겨가는 현상이라고 생각하면 된다.

식물이 뿌리에서 물을 흡수하는 것도 삼투압에 의한 것이며, 배추를 소금에 절이면 쭈글쭈글해진다든가 목욕탕 안에 오래 있으면 손발의 피부가 쭈글쭈글해지는 현상 등도 바로 이런 삼투압 현상 때문이다.

마찬가지로 매실이나 과일, 산야초를 설탕과 함께 넣으면 삼투압 현상에 의해 과즙과 수액이 고스란히 빠져나오게 된다. 따라서 설탕 절임물과 함께 과즙과 수액도 동시에 먹게 되며, 과즙과 수액이 함유하고 있는 고유의 약성 성분도 그대로 섭취하게 되는 것이다. 사실 과일은 한꺼번에 많은 양을 먹을 수 없고, 매실처럼 신맛이 강해서 먹지 못하는 과일도 많다. 하지만 설탕의 힘을 빌려 삼투압으로 과즙을 고스란히 뽑아내 쉽게 마실 수 있다는 것도 대단한 일이다.

특히 거친 야생 산야초는 말리거나 삶아서 먹을 수밖에 없는데,

열을 가하지 않고 그 수액만을 뽑아내 마실 수 있는 것은 산야초 발효액밖에 없다. 이런 것만 보더라도 설탕의 역할을 과소평가해서는 안 된다.

매실 등의 과일 발효액이나 산야초 발효액을 설탕절임물이라고 강조하는 사람들은 작은 소주잔 한 잔에 들어 있는 당의 함량이 탄산음료 한 캔과 맞먹을 정도로 엄청난 수준이라고 지적한다. 그러나 이것은 발효 원액을 말하는 것이다. 세상의 어떤 사람이 매실이나 산야초 발효액의 달고 진한 원액을 그대로를 마시겠는가. 대부분 자신의 취향에 맞춰 물을 다섯 배에서 열 배까지 취향대로 적당히 희석해서 마신다. 물론 심한 배탈이나 체기가 있을 때면 일부러 원액을 마시는 경우는 있을 수 있지만, 물에 적당히 희석해서 마시면 사이다나 콜라 같은 탄산음료, 과일 주스보다도 더 달지 않다.

이런 원액을 놓고 당분의 양이 엄청나다고 하는 것은 견강부회牽強附會하는 것과 다름없다. 물론 설탕은 당뇨 환자나 암 환자 등이 많이 먹으면 좋지 않다. 건강한 사람도 당을 많이 섭취하면 비만을 비롯해 각종 현대병에 걸릴 수 있다. 실제로 설탕의 과다 섭취로 인해 초등생들까지도 당뇨와 고혈압에 걸리는 세상이다. 또한 설탕은 성격을 충동적, 폭력적으로 만들고, 우울증 환자와 자살이 급증하고 있는 것도 설탕을 많이 먹기 때문이라고 주장한다.
　　물론 지나친 당 섭취는 각종 현대병을 초래하는 등 대사활동에 좋지 않은 영향을 미치고 있는 것은 부인할 수 없는 사실이다. 특히 설탕은 중독성이 강해서 백색의 마약이라고 불릴 정도로 건강의 적,

공공의 적이 되고 있는 것이 현실이다

그러나 음식마다 설탕이 넘치고 설탕의 과다 섭취로 인한 부작용이 부각되다 보니 사람들은 설탕의 해악만 이야기기할 뿐 설탕이 우리 몸에 얼마나 필요하고 유익한 존재인지를 망각하고 산다. 심지어 흰쌀밥이나 흰밀가루, 흰설탕 등 탄수화물로 된 백색식품白色食品을 먹으면 우리 몸속에 들어가 모두 당으로 변하고, 이것이 비만의 원인이 된다며 이들 식품을 경원시하는 비만 환자도 많다.

그렇다면 정말 설탕은 우리 식탁에서 척결해야 할 백해무익한 식품일까. 설탕을 넣어 담가 먹고 있는 매실 발효액을 비롯한 과일 발효액, 산야초 발효액 등은 설탕의 해악으로 인해 배척해야 하는 것일까.

설탕, 과연 우리 몸에
해롭기만 한 존재일까

설탕은 밥이나 빵과 같은 탄수화물이다. 적당량이 몸속에 들어가면 칼로리로 변해 우리가 생각하고 활동하는 데 필요한 에너지원이 되고, 반드시 섭취하지 않으면 안 되는 영양소다.

우리는 굳이 설탕이 아니더라도 밥과 빵, 탄산음료, 주스 등의 음식물을 통해 당분을 많이 섭취하고 있다. 설탕을 가능하면 피해야 할 존재로 여기고 있지만 당이 부족하면 우리 몸은 활력을 잃고 신진대사와 장기의 기능에도 이상이 온다. 당뇨 환자와 암 환자에게도 어느 정도의 당을 공급해주는 것은 반드시 필요하다.

그렇다면 설탕, 당은 우리 몸에 왜 반드시 필요한 물질이며 어떤 유용성이 있을까. 과거 쌀과 밥, 빵 등 탄수화물 섭취량이 절대적으로 부족했던 시절에는 어떤 형태로든 적당량의 당분 섭취가 필요했고, 그 시절 설탕은 당 보급에 충분한 역할을 할 만큼 중요했다.

지난 1960년대 중반까지만 해도 국내에서 설탕은 매우 귀한 존재였다. 설탕이 등장하기 이전에는 공업용 타르tar에서 추출한 화학물질인 사카린Saccharin으로 단맛을 내고 당분을 보충하기도 했다.

사카린은 라틴어로 설탕이라는 뜻을 지니고 있으며, 사카린 자체를 입에 넣고 빨아먹으면 단맛 대신 오히려 쌉쌀한 맛이 나는 특징이 있다. 국내에 달디 단 사카린이 처음 들어오자 사람들은 시원한 물을 커다란 주전자에 가득 넣어 분말 사카린을 타서 일을 하다가 목이 마르거나 기력이 없을 때 한 사발씩 꿀꺽꿀꺽 마셨다. 이렇게 마시면 갈증도 사라지고 힘이 솟곤 했다.

사카린 다음으로 나온 것이 설탕의 결정입체로 만들어진 슈가Sugar, 또는 '당원'이다. 조그만 알약처럼 생긴 정제 슈가나 당원 역시 사람들에게 많은 사랑을 받았다. 그리고 1970년대 이후 대량으로 보급되기 시작한 것이 오늘날의 설탕이다.

우리나라에 지금의 과일 발효액이나 산야초 발효액이 본격적으로 등장한 것은 지난 2000년 초부터이다. 사실 그 이전까지만 해도 설탕이 귀하고 비싸서 일반인들은 설탕을 이용해 효소를 담글 생각을 하지 못했고, 과일 발효액이나 산야초 발효액 역시 그 중요성과 담그는 방법을 아는 사람이 많지 않았다.

그러나 생활수준이 높아지고 설탕도 넘쳐나는데다 과일과 산야초를 이용해 효소를 담그는 법이 널리 알려지면서 너도나도 매실을 비롯한 과일과 산야초로 효소를 담그기 시작했다.

원래 과일과 산야초 발효액은 그 이전부터 일본에서 성행했다. 우리에게 설탕이 귀했던 시절 경제적으로 풍족했던 일본에서는 과일과 산야초로 효소를 먼저 담갔던 것이다.

우리나라에서는 니시의학을 비롯해 자연건강법을 도입한 사람들을 중심으로 한두 사람씩 과일과 산야초 발효액을 담그기 시작했으며, 자연히 귀하고 비쌀 수밖에 없었다. 특히 자연건강법을 배워 생활화하는 사람이 늘어나고, 또 단식할 때 소량의 죽염과 함께 매실 발효액과 산야초 효소를 주기 때문에 이것을 먹어본 사람들이 그 가치를 인정해서 이들을 중심으로 그 보급이 빠르게 확산되었다.

지금은 과일과 산야초 발효액 속에 든 과다한 설탕이 문제가 되고 있지만, 과거 당질 영양소가 부족했던 시절에는 충분한 당의 보급적인 측면에서도 과일과 산야초 발효액은 나름대로 역할을 했다고 할 수 있다.

당|糖|과 건강,
그리고 당뇨

단식을 할 때 매실 발효액이나 산야초 발효액은 매우 놀라운 효과를 나타낸다. 3박 4일이나 9박 10일 단식을 할 때 수강생들에게 먹이는 것은 대체로 소량의 죽염과 매실 발효액, 산야초 발효액 등이다.

단식 중에 수강생들은 아침저녁으로 소량의 죽염을 먹고, 2~3일에 한 번 소량의 매실 발효액이나 산야초 발효액을 생수에 희석해 마신다. 이 세 가지는 우리 몸의 기초대사에 필요한 최소한의 영양소를 충족시켜 주는 물질이다. 이 세 가지만 먹어도 우리 몸은 정상적으로 활동하며 몸속의 독소를 배출시키고 배고픔을 모르게 만든다.

죽염은 혈액 생성과 체액 조절에 필요한 미네랄이 풍부하며, 매실 발효액과 산야초 발효액은 미네랄과 함께 몸속에서 에너지를 만드는 비타민과 당을 충족시켜 준다. 그리고 단식을 하면서 이처럼 최소한의 당을 섭취하지 않으면 우리 몸은 근육 속에 저장한 당을 빼내어 쓰기 때문에 근육이 소실된다.

따라서 이 세 가지만 먹어도 배가 고프지 않고 힘들지 않으며, 근육을 소실하지 않으면서도 10일간의 단식도, 그 이상의 단식도 거뜬하게 마칠 수 있다. 그리고 이 세 가지만 먹고 단식하는 과정에서 소화기와 순환기 계통의 독소가 완전히 배출되고, 불필요한 지방을 연소시키다 보면, 우리 몸은 본연의 자연치유력이 되살아나고 체질이 개선된다. 이것이 단식의 위력이며, 이런 단식을 통해 사람들은 예전에 모르고 있었던 죽염과 매실 발효액, 산야초 발효액의 효과를 실감하게 된다.

이것이 바로 사람들에게 인기 있는 산야초 발효액 단식의 기본 원리인 것이다.

설탕과 1대 1로 섞어 잘 발효시킨 매실이나 산야초 발효액은 약성을 떠나 그 영양분만으로도 인간의 생명활동을 도와주는 기본적인 역할을 한다. 물론 우리 몸속에서 당분은 넘쳐도 문제고 부족해도 문제이듯이 매실과 산야초 발효액 속에 든 과다한 당분의 섭취는 당뇨와 비만 등 많은 문제를 야기한다. 설령 물에 소량을 희석해서 마시더라도 그야말로 물 마시듯 자주 먹게 되면 그 결과는 다르지 않다. 아무 병이 없는 건강한 사람이라도 이렇게 마시다 보면 자신도 모르게 어느 틈엔가 병은 찾아오게 돼 있다.

너무 흔한 것도 병이다. 따라서 매실이나 산야초 발효액을 물에 희석해 물 마시듯 먹을 것이 아니라 약 먹듯이 먹어야 한다. 당분의 섭취량을 최소한으로 줄여야 한다는 이야기이다.

서양인들은 고기를 많이 먹기 때문에 콜레스테롤 당뇨에 걸리지만, 우리 한국인들은 탄수화물을 많이 먹기 때문에 탄수화물 당뇨 환자가 많다.

고기를 먹지 않고 쌀밥도 많이 먹지 않으며 과일과 채소만 먹는데도 당뇨병에 걸리는 사람들이 있다. 특히 마른 몸매인데도 당뇨에 걸린 사람들이 바로 이 탄수화물 당뇨 환자다.

자연식품인 대추나 곶감만 많이 먹어도 당뇨가 온다. 포도만 계속 많이 먹어도 당뇨는 오며, 특히 포도만 먹으며 단식하면 그 사람의 몸으로 어김없이 당뇨가 찾아올 준비를 한다.

평소 쌀밥이나 국수, 자장면 등의 중국요리를 즐겨 먹는 사람이 매실이나 산야초 발효액을 많이 먹으면 당뇨에 걸릴 확률은 매우 높아진다. 그런 의미에서 설탕 발효효소 역시 우리나라 당뇨 환자의 증가에 기여를 하고 있는 것은 사실이다.

설탕도
약이다

설탕은 때로 훌륭한 약이 될 수 있다. 설탕이 병을 고치기도 한다는 것이다. 실제로 설탕은 중세시대 영국을 비롯한 유럽 지역에서 약으로 귀하게 사용되기도 했으며, 금보다 비싼 값에 거래되기도 했다. 먹을거리가 풍족하지 못했던 그때는 당질 영양소의 부족으로 생긴 병이나 인체 시스템의 이상이 많았기 때문이다.

예전 설탕이 귀했던 시절, 나이 든 세대 가운데는 배가 아프거나 속이 쓰릴 때, 혹은 머리가 아프고 기력이 달릴 때 달디 단 사탕 한 개만 먹어도 이런 증상이 삽시간에 사라지는 경험을 한 사람이 많을 것이다. 당의 부족으로 인한 신진대사의 이상으로 몸의 기능에 어떤 이상이 오거나 당의 긴급한 보급이 필요할 때 사탕을 먹으면 당이 금방 핏속에 흡수되어 대사를 도와준다. 그렇기 때문에 눈 깜짝할 사이에 증상이 호전되기도 하는 것이다.

그 대표적인 예가 저혈당이다. 저혈당은 혈당 수치가 50mg/dL 이하로 떨어지는 것을 말한다. 이렇게 되면 공복감과 오한, 식은땀, 가슴 떨림 등의 증상이 나타나고, 심하면 실신이나 쇼크 등을 유발하며 그대로 방치하면 목숨을 잃을 수도 있다. 특히 환자가 잠을 자는 동안 저혈당이 일어나면 즉각 조치할 수 없기 때문에 생명을 위협하는 심각한 상태에 빠질 수가 있다. 이럴 때 매실이나 산야초 발효액을 물에 타서 먹으면 언제 그런 일이 있었냐는 듯이 정상으로 회복된다.

당분은 피로 회복과 음주로 인한 숙취 해소에도 뛰어난 힘을 발휘한다. 술을 마신 다음 날 아침에 설탕물이나 꿀물을 마시면 좋은 것도 이 때문이다. 의사들이 전날 밤 술을 떡이 되게 먹고 병원에 출근해서 간호사들에게 포도당 주사를 놓아 달라고 부탁하는 것도 같은 원리이다. 술을 많이 마시고 기진맥진해서 병원에 찾아온 사람에게 처방하는 것도 바로 이 설탕물, 즉 포도당 주사다.

설탕은 환자들의 통증을 완화시키는 효과가 있다는 연구 결과도 있다. 이를 테면 아이들이 다쳐 통증을 호소할 때 물을 먹이는 것보다 설탕물을 먹이면 아이가 통증을 덜 느낀다는 것이다.

또한 설탕은 딸꾹질을 멈추게 하는 데 도움이 된다. 딸꾹질이 나올 때 설탕 한 스푼을 혀에 올리고 천천히 녹여 먹으면 신경이 혀끝의 단맛에 반응하느라 딸꾹질을 멈춘다는 것이다

우리는 설탕을 떠나서는 살 수가 없고 설탕이 없으면 생명활동 자체가 존재할 수 없다. 설탕의 과잉 섭취로 인한 각종 문제점이 적지 않은 현실에서 설탕의 섭취량을 최대한으로 줄이는 것은 중요하다. 그렇다고 설탕이 지닌 순기능을 절대 간과해서는 안 된다. 설탕을 무조건 먹어서는 안 될 존재라는 고정관념에서 탈피해 설탕을 제대로 알고 현명하게 섭취하는 것이 더 중요하다.

설탕은 악의 대명사가 아니다. 당은 인체의 생리활동에 있어서 극히 필요하고 유익하며 에너지를 만드는 원천이면서 동시에 질병을 예방하고 치료하는 물질이기 때문이다.

설탕이 뇌와 정신 건강에
미치는 영향

설탕은 기억력을 향상시킨다. 사람의 기억력이 감퇴하는 이유 중 하나가 뇌에 절대적으로 필요한 포도당인 글루코스Glucose가 줄어들기 때문이다. 소장小腸에서 탄수화물이 소화되면서 생성되는 글루코스는 혈액 속으로 빠르게 흡수되는데, 뇌 세포는 이 글루코스 포도당만을 에너지원으로 사용한다. 그래서 글루코스는 실제로 기억력 등 사람의 인지 기능에 영향을 미치는 것이다.

글루코스는 인간을 뇌의 뜻대로 행동하게 하고 생각하게 만드는 물리적 에너지다. 미국 버지니아 대학 콜포트 박사는 글루코스가 뇌 속에서 순환하면서 기억력을 감퇴시키는 역할을 하는 물질을 차단하기 때문에 글루코스가 많이 들어 있는 설탕을 섭취하면 기억력이 좋아진다고 밝혔다.

설탕 음료를 포함해 당분이 들어 있는 음식물, 영양제 등 당질 영양소가 기억력과 학습능력을 향상시켜 주기도 한다. 공부하는 아이에게 당질 영양소가 든 음식을 주면 암기력이 향상되고 학습능률도 올라간다는 것이다.

또한 설탕 음료는 단기적으로는 기억력을 상승시킨다는 연구도 있다. 포도당이 함유된 음료를 마시면 단기 기억력을 최소한 24시간 동안 향상시킬 수 있다는 것이다.

설탕은 만병의 근원이자 현대인들이 피할 수 없는 스트레스를 해소해 준다. 설탕이 들어간 따뜻한 커피 한 잔은 근무 중에 받는 스트레스를 줄여줄 뿐 아니라 공격적이거나 까다로운 성향도 누그러뜨린다는 연구 결과도 있다.

호주의 한 대학 연구팀이 설탕을 넣은 차와 인공감미료를 넣은 차를 두 그룹으로 나눠 각각 마시게 한 후 심리적 압박을 주어 스트레스를 받게 만들었다. 그 결과 설탕을 넣은 차를 마신 사람들이 심리적 압박 속에서 공격적인 충동을 더 잘 억제하는 것으로 나타났다.

직장생활 중에 커피 한 잔이라도 나눠 마시면 왠지 마음에 차분한 여유가 생기는 것도 이와 다르지 않다. 장시간 운전 중에 커피 한 잔을 마시면 잠시 쉬면 피로가 풀리는 것도 마찬가지다.

설탕의 부족은
우울증과 불면증을 부른다

설탕의 과다 섭취는 비만과 각종 질병의 발생뿐만 아니라 아이들을 충동적이고 폭력적으로 만들며 불면증과 우울증의 원인이 되는 것으로 알려져 있다. 하지만 이런 고정관념을 깨뜨린 의견들도 존재한다.

미국 의사 윌리엄 콜리는 당질 영양소의 결핍이 주의력이 부족하고 산만하며 충동적인 행동을 잘 보이는 ADHD^{주의력결핍 행동장애}와 우울증의 원인으로 작용한다고 밝혔다. 또 충분한 당질 영양소를 섭취하면 불안감이 줄어들고 잠을 깊이 자는 데 도움이 된다는 것이다.

설탕이 편견과 고정관념에 사로잡힌 사람들을 긍정적으로 바꾸는 데 도움을 줄 수 있다는 연구 결과도 있다.

미국과 네덜란드의 대학 공동 연구진은 '체내 포도당 수치가 편견과 고정관념의 표출에 미치는 영향'에 대해 연구를 했다. 그 결과 포도당 수치가 낮은 사람일수록 편견과 고정관념에 더 사로잡히는 경향이 있는 것으로 나타났으며, 체내에 포도당 양이 많아지면 뇌가 틀에 박힌 생각을 긍정적으로 바꿀 수 있다는 것이다.

편견이나 고정관념에 사로잡힌 사람들은 그 생각을 반드시 고수하기 위해 에너지를 많이 소비하게 된다. 이때 설탕이 든 식품이나 음료를 먹어 포도당 수치를 올려주면 감정이 완화되고 부정적인 의견을 억누르도록 뇌를 자극해 긍정적으로 변한다는 것이다.

설탕이
항생제 효과를 높인다

설탕은 뇌 건강과 정신 건강뿐만 아니라 항생제 효과를 높이고 상처 치료제로도 효과가 있다는 연구 결과도 있다. 미국 보스턴 대학의 제임스 콜린스 박사는 영국 과학 전문지 네이처를 통해 포도당과 과당 같은 당류가 만성감염을 일으키고 재발 우려가 높은 박테리아에 대한 항생제의 효과를 극대화한다는 연구 결과를 발표했다.

일부 박테리아는 항생제가 투여되면 스스로 대사활동을 멈추고 잠복상태에 들어가 항생제를 피하다가 나중에 활동을 재개하는 습성이 있다. 그래서 박테리아 감염 환자에게 항생제를 투여하면 처음에는 완치된 듯 보였다가 몇 주 또는 몇 달 후 재발하곤 한다. 이것은 잠복상태에 들어갔던 박테리아가 되살아나 전보다 강해진 힘으로 공격하기 때문이라고 한다.

하지만 항생제를 당류와 함께 투여하면 박테리아가 잠복상태에 들어가지 못하고 항생제의 공격을 받아 죽게 된다는 것이다. 실제로 대장균에 항생제와 설탕을 함께 투여하자 박테리아의 99.9%가 소멸했지만, 항생제만을 투여했을 때는 이런 효과가 나타나지 않았다고 콜린스 박사는 밝혔다.

박테리아뿐만 아니라 각종 감염을 일으키는 황색포도상구균과 포도상구균, 연쇄상구균, 결핵균에 의한 재발성 만성감염에도 항생제와 당류를 함께 투여하면 역시 같은 효과가 있는 것으로 나타났다.

그런가 하면 설탕은 상처 치료에도 특효가 있다는 연구 결과가 있다. 영국 데일리메일은 아프리카의 민간요법이 현대의학도 해내지 못한 상처 치료의 핵심이 될 수 있다는 울버햄프턴 대학 모제스 무란두 교수의 연구 결과를 보도했다.

무란두 교수는 항생제 등 현대의학이 가진 모든 치료법으로도 낫지 않는 욕창과 하지 궤양, 절단 부위 상처 등에 당도 99 이상의 수분이나 회분 같은 불순물이 없는 자당蔗糖 결정체의 알갱이 설탕인 그래뉴당으로 설탕 치료를 한 결과 놀라운 효과가 확인됐다고 밝혔다.

아프리카 짐바브웨가 고향인 무란두 교수는 어렸을 때 몸에 상처가 나면 아버지가 상처 부위에 설탕을 뿌려주곤 했는데, 그때마다 신기하게도 고통은 줄어들면서 상처가 낫곤 했던 민간요법을 환자 치료에 도입했다.

그 결과 욕창과 하지 궤양, 절단 부위 상처에 대한 이 설탕 치료법은 큰 효과를 나타냈다. 하지 궤양으로 무릎 위쪽을 절단하고 다리의 정맥을 제거한 환자의 다리에 파인 상처는 병원의 일반적인 상처 치료법과 재활치료로써는 쉽게 낫지 않았다. 하지만 환자와 상의해 2주 동안 설탕 치료를 하자 상처의 크기가 극적으로 줄어들었으며 회복이 매우 빨랐다. 무란두 교수는 지금까지 35명이 이 치료법으로 큰 효과를 봤으며, 상태가 나빠진 사람은 단 1명도 없었다고 밝혔다.

이 설탕 치료법의 원리는 간단하다. 박테리아, 즉 세균은 물이 없이 살 수 없다. 그런데 상처 부위에 설탕을 충분히 뿌려주면 설탕이 물을 빨아들여 박테리아는 번식하지 못하고 죽게 되며 상처도 자연히 아물게 되는 것이다.

설탕과 수명,
질병과의 상관관계

설탕의 효능 가운데는 우리가 잘 모르고 있는 것이 많다. 미국 하버드 의대 연구진이 캔디를 전혀 먹지 않는 사람들과 캔디를 먹는 사람들을 두 그룹으로 나눠 설탕과 수명의 상관관계를 조사했다. 그 결과 캔디를 전혀 먹지 않는 사람들의 사망자 수가 캔디를 먹는 사람보다 더 많았으며, 캔디를 먹는 사람의 수명이 먹지 않은 사람들에 비해 약 0.92년 더 긴 것으로 나타났다.

에밀 몬도아와 민디 키테이가 공저한 당질 영양소의 새로운 치유과학, 〈설탕이 병을 고친다〉라는 책이 있다. 이 책에서 미국 의사 윌리엄 콜리는 당이 특정 암을 치유할 수 있으며 혈압과 신부전증도 당분과 밀접한 관계에 있다고 밝히고 있다.

이뿐만이 아니다. 당질 영양소는 어린이 감기를 예방하며 헤르페스 바이러스, 귀의 염증, 방광염, 기생충과 진균이 일으키는 감염, 반복해서 생기는 질 속 이스트 감염, 알레르기, 천식, 만성폐색성 폐질환과 호흡기질환 치료를 돕는다.

또한 건선과 지루성 피부염, 화상, 퇴행성관절염 등에 효과가 있으며, 노화를 늦춰주고 지구력과 성기능, 생식능력을 길러주고 체중감소와 근육을 키우는 데 도움을 준다.

이외에도 당질 영양소는 햇빛으로 인한 피부의 손상과 골다공증,

백내장을 예방하는 등의 매우 다양한 분야에 걸쳐 질병을 치료하고 건강을 지켜주는 효과가 크다고 밝히고 있다.

실제로 가정에서 매실을 비롯한 과일 발효액과 산야초 발효액 등을 담가 열심히 먹고 있는 사람 가운데 소화기 계통이나 호흡기 계통의 질병, 고혈압과 같은 순환기 계통 질환, 류마치스 관절염 퇴행성질환이 호전되어 건강하게 살아가는 사람이 많다. 물론 과일과 산야초 고유의 약성과 비타민, 미네랄의 충분한 섭취, 그리고 식생활의 개선 등 부수적인 도움과 노력이 뒤따른 결과겠지만, 무조건 설탕이 많이 들어 있으니까 해롭고 나쁘다는 생각도 전부 옳다고 할 수만은 없다.

과일 발효액이나 산야초 발효액만 당분이 많은 것이 아니다. 가공한 현미 분말효소도 그 당도에 있어서는 물에 희석해 마시는 액상효소만큼 달다.

설탕과 크림이 가득 든 커피는 매일 큰 머그잔으로 마셔도 문제를 삼지 않고 물에 희석해서 탄산음료보다 더 달지 않은 산야초 발효액의 설탕 과다를 문제 삼는 것도 이해하기 힘들다. 그렇다고 설탕이 많이 든 과일 발효액이나 산야초 발효액을 아무 문제의식 없이 마구마셔도 괜찮다는 얘기는 아니다. 거듭 강조하건대 넘쳐도 문제지만 부족해도 문제인 것이 설탕이다. 무엇이든 순기능이 있으면 역기능이 있고, 지나치면 부족함만 못한 것은 절대 진리다.

설탕이 많이 들어 있다고 해서 무조건 배척하기보다 사람의 체질과 질병에 따라 독이 될 수도 있고 약이 될 수도 있는 것이 설탕이라는 사실을 잊지 말아야 한다. 그럼에도 불구하고 사람들은 과일이나 산야초 발효액 속에 들어 있는 과도한 설탕에 대해 걱정이 많다.

그렇다면 설탕을 사용하지 않거나 적게 사용하고, 또 설탕을 대신할 수 있는 물질로 매실 등의 과일 발효액이나 산야초 발효액을 담그는 방법은 없을까. 또 어떻게 하면 과일과 산야초를 잘 발효시키고 발효 효율을 높일 수 있을까.

많은 가정에서 과일 발효액과 산야초 발효액을 담가 먹고 있고, 설탕의 과다한 양이 문제되고 있는 현실에서 이것에 대한 해답은 매우 중요했다. 이제 이 문제에 대한 해답을 찾아보자.

과일과 산야초 발효시키기

설탕을 대신할 수 있는 물질, 올리고당

설탕을 쓰지 않으면서 과일이나 산야초를 발효시키는 미생물의 먹이와 방부제를 대신할 수 있는 물질로는 우리가 잘 알고 있는 올리고당과 솔비톨Sorbitol이 있다.

효소 가운데는 정제당이라고 부르는 설탕의 분자를 다시 분해하는 효소가 있는데, 이 효소를 이용해 설탕 자체를 발효시켜 만든 물질이 바로 올리고당이나 솔비톨이다. 이 중 올리고당은 설탕을 분해하는 미생물 효소를 설탕에 작용시켜 생산하는 것으로서 효소의 고유한 성질 때문에 최종 제품 중의 함량은 약 55% 정도에 불과하다.

아기가 태어나서 태변을 보게 한 후 엄마가 먹이는 모유에는 올리고당이 함유되어 있다. 이것은 모유가 지닌 성분 중 세 번째로 많은 비중을 차지한다. 아기는 이 올리고당을 스스로 소화하지 못하지만, 올리고당은 대장에 좋은 유익균인 비피더스균의 먹이가 되는 성분이다.

올리고당은 위산이 분비되지 않은 아기의 장내에 좋은 세균이 자리 잡도록 하는 역할을 하게 된다. 이것이야말로 아이의 건강을 평생 좌우하게 되고, 엄마가 해 줄 수 있는 이 세상에서 가장 좋은 선물이 된다. 왜냐하면 아기가 세상에 태어나 장내에 좋은 박테리아가 자리 잡게 해 주는 일이 아토피와 비염, 천식, 그리고 각종 면역질환으로부터 강한 아이로 키울 수 있는 초석이 되기 때문이다.

올리고당은 위장과 소장에는 흡수되지 않고 대장에서 유산균 등 유익균의 먹이가 되기 때문에 질병이 있는 사람은 설탕 대신 올리고당을 넣어 액상의 발효액을 담가 먹기도 한다. 올리고당으로 담근 효소는 당뇨 환자에게 무조건 좋다고는 할 수 없지만 설탕으로 담근 효소에 비해서는 월등히 많은 도움을 주는 당분이다.

이처럼 올리고당은 기존의 감미료인 설탕의 단점을 극복하고 인체 내에서 유익균을 증식시키는 등의 여러 가지 유용한 기능성을 나타내기 때문에 감미료뿐만 아니라 의약품 보조제 등의 용도로도 많이 사용되고 있다.

원래 올리고당은 바나나나 양파, 마늘, 벌꿀, 치커리 뿌리 등과 같은 채소나 버섯, 과일류 등에 포함되어 있는 천연물질이다. 그러다 1950년대 이후 미생물 효소나 사탕무 잎에 존재하는 효소를 이용해 생물학적 전이반응을 통해 인공으로 제조하는 기술이 개발되었다. 즉 설탕에 과당을 효소반응을 시켜 만들거나 국화과의 땅속 줄기나 달리아의 알뿌리 등에 저장되어 있는 다당류의 일종인 이눌린Inulin을 가수분해하여 만든 것이 올리고당인 것이다.

올리고당은 이처럼 비피더스균의 먹이가 되어 장내의 유익균을 증식하고 유해균을 억제하며 배변 활동을 원활하게 하고 칼슘의 흡수에도 도움을 주기 때문에 식약처에서도 이를 건강기능 식품의 기능성 원료로 지정하고 있다.

올리고당과
솔비톨의 차이

시판되는 올리고당 중 말토 올리고당은 위장에서 소화효소에 의해 분해가 되어 흡수가 되기 때문에 일반적으로 말하는 올리고당의 기능성이 없다. 그러나 이소말토 올리고당과 프락토 올리고당, 자일로 올리고당, 갈락토 올리고당은 소화효소에 의해 분해되지 않고 대장까지 도달하는 기능을 갖고 있다. 이 중 우리나라에서 가장 많이 시판되는 올리고당은 사탕수수를 재료로 해서 만드는 프락토 올리고당과 옥수수를 재료로 해서 만드는 이소말토 올리고당이다. 또한 자일로 올리고당은 올리고당 함량이 월등하게 높지만 가격이 무척 비싸서 구입하기 어려운 단점이 있다.

그러나 어느 올리고당이나 100% 올리고당은 없다. 제조 과정 중에 부산물인 포도당이나 설탕 성분이 함께 함유되어 있을 수밖에 없기 때문이다. 이 때문에 올리고당을 구입할 때는 올리고당 함량이 몇 %나 들어 있는지 잘 살펴보고 선택하는 것이 현명한 방법이다.

그런가 하면 솔비톨은 포도당을 고압 상태에서 압축, 환원해 합성 제조하는 당알코올로 이루어진 물질이다. 솔비톨은 과실류와 해조류 등에서 자연 상태로 존재하기도 하지만, 인공합성을 통해 백색의 작은 알갱이나 가루 또는 결정성 덩어리로 만들며, 요즘은 액상 제품으로 나와 있어 많이 이용하고 있다.

솔비톨은 천연적으로는 해조류와 여러 종류의 과일에 포함되어 있는 성분이다. 그러나 가공식품에 넣는 솔비톨은 화학 성분으로 이뤄져 있다.

액상 솔비톨은 단맛이 설탕의 70% 수준이다. 단맛이 강하면서도 냄새가 없고 상쾌한 청량감과 천연의 맛을 내기 때문에 저칼로리, 저감미 식품 제조에 널리 이용되고 있다.

인공 솔비톨은 위장에서는 그것을 분해할 수 있는 소화 성분이 없어 대장으로 내려가서 쌓이게 된다는 문제점이 있다. 이렇게 쌓인 솔비톨은 혈관에서 장으로 수분을 끌어들이는 역할을 하기 때문에 복통이나 설사를 유발하기도 한다. 물론 가공식품에 함유된 적은 양의 솔비톨은 대변으로 배설된다. 하지만 여러 종류의 가공식품을 먹게 되면 자연스레 솔비톨이 장에 많이 축척되어 유익균이 살 수 있는 환경을 만드는 데 도움이 되지 않는다.

따라서 과일이나 산야초를 발효시킬 때 올리고당을 미생물의 먹이나 방부제로 사용하면 설탕의 과다 사용으로 인한 폐해를 벗어날 수 있다.

모균|母菌|의 사용으로 발효 효율을 높이자

그다음으로 우리가 잘 이해해야 할 것이 발효에 미치는 모균, 원래의 종자균, 종자액의 힘이다. 모균의 역할만 잘 이해해도 누구나 발효기술자가 될 수 있다.

간단한 예로 막걸리 식초를 보자. 막걸리를 유리병에 담아 입구를 살짝 막고 따뜻한 부뚜막 한쪽에 놓아두면 초산균의 작용으로 식초로 변하는 것을 볼 수 있다. 예전에는 이것을 가내식초라고 해서 집집마다 부뚜막 옆에는 이 식초병이 놓여 있었고, 발효할 때 나오는 가스가 잘 배출되게 하기 위해 솔가지를 꺾어 막아놓곤 했다.

그러나 가내식초도 막걸리만 담아 놓는다고 해서 금방 식초가 되는 것이 아니다. 부뚜막에서 유리병의 밑바닥과 겉에 전해지는 온도, 한겨울이면 얼음장처럼 차갑고 불을 때면 그렇게 뜨거울 수가 없는 등 불규칙한 온도를 이겨내며 견딘 초산균들의 강인한 생명력이 빚어낸 결과물인 것이다. 이것이 강한 자만이 살아남는 적자생존이 이루어낸 계대배양이 된 미생물의 힘이다. 이렇게 계대배양이 된 미생물, 모균이자 종균의 힘은 대단하며 새 막걸리로 식초를 만들 때 이 모균을 조금만 넣어도 금방 새끼에 새끼를 쳐서 질 좋은 가내식초를 만들 수 있다.

청국장도 마찬가지다. 청국장을 띄울 때에도 모균이나 시중에서 판매하고 있는 잘 띄운 청국장을 모균 대신 조금만 넣으면 금방 발효가 되고 맛도 좋아 실패할 염려가 없다.

모균은 마중물과 같다. 물이 빠진 펌프에 마중물을 부으며 펌프질을 해야 우물 안의 물이 관을 타고 올라오듯이 발효 환경을 모두 조성해 놓고 모균을 뿌리면, 그것이 기폭제가 되어 삽시간에 미생물이 왕성하게 번식하면서 발효가 잘 이루어지는 것이다.

　과일 발효액이나 산야초 발효액은 원액 속에 미생물이 거의 없지만 잘 발효된 비슷한 유형의 발효액을 모균 삼아 발효를 시키기 전에 재료에 뿌리면 훌륭한 모균의 역할을 한다. 잘 만들어진 발효액이 미생물을 빨리 자리 잡게 만들고, 해바라기성 미생물을 발효를 돕는 아군으로 끌어들이기 때문이다.

　또 미생물이 없는 원액일지라도 약간의 물에 희석해서 상온이나 2~3일 동안만 냉장고에 넣어 두어도 그 사이에 유산균이 급속도로 증식해 훌륭한 모균이 될 수 있다.

재료를 분쇄해
미생물의 발효를 돕자

일반적으로 과일이나 산야초를 발효시킬 때 대충 자르고 썰어서 항아리에 넣고 있다. 하지만 이 재료들을 최대한 잘게 분쇄해 항아리 속에 집어넣는 것이 미생물의 발효를 돕고 과일과 산야초의 골수 액즙이 잘 우러나오게 하는 최선의 방법이다.

　최적의 당도와 온도 등의 환경을 조성한 상태에서 설탕을 넣지 않은 채 발효시키고, 특히 그 기간이 길어지게 되면 반드시 부패하게 돼 있는 것은 당연하다. 그러므로 빠른 발효를 유도하고 설탕의 삼투압작용 도움 없이 과일의 과즙과 산야초의 수액, 약성 성분을 잘 뽑아내기 위해서는 재료를 최대한으로 잘게 분쇄해야 한다. 그래야 미생물이 삽시간에 재료의 골수까지 재빨리 침투해 발효시킬 수 있는 여건이 만들어진다.

산야초 발효액을 담글 때는 산야초를 반죽을 하듯이 설탕과 비벼서 항아리에 차곡차곡 넣어야 한다. 그렇게 산야초 이파리에 상처를 많이 내줘야 수액이 잘 빠져나오고 발효도 잘 된다. 따라서 과일이나 산야초를 생긴 그대로 또는 대충 썰어서 설탕과 버무려지게 해서 넣을 것이 아니라 가능한 한 최대로 잘게 썰어서 발효시켜야 한다. 이때 과일이나 산야초를 비롯한 재료의 분쇄는 식품분쇄기를 사용하는 것이 좋다. 정육점에서 생고기를 갈아주는 민서기 같은 식품분쇄기가 가장 효율적이다.

한두 가지의 과일은 물론 열 가지 스무 가지, 혹은 그 이상의 산야초를 그늘에서 말려 물기를 없앤 후 칼로 잘게 썰고 민서기로 최대한 갈아서 담가보자. 이렇게 민서기로 갈은 재료에 유산균이 가득 생성된 모균을 스프레이해서 올리고당과 함께 항아리에 넣고 적절한 온도를 유지하면 미생물은 순식간에 번식해서 짧은 시간에 발효를 완벽하게 끝낸다.

발효가 끝나면 건더기를 건져내고 항아리에 담아 그때부터 저온에서 오랫동안 서서히 숙성을 시키면 원하는 산야초 발효액을 얻을 수 있다.

앞서 언급했듯이 매실 등의 과일이나 산야초에 설탕을 1대 1로 넣어 발효시키는 것은 그 대상이 부패하지 않게 만들기 위해서다. 그러다 보니 발효도 되지 않고, 설령 발효가 되더라도 무척 긴 시간이 걸릴 수밖에 없다. 따라서 올리고당이나 적은 양의 설탕을 사용해 짧은 시간 안에 완벽하게 발효를 끝내고, 부패하지 않은 결과물을 숙성 보관할 수 있다면 굳이 설탕을 많이 넣어야 할 필요가 없다.

또한 각종 산야초를 미생물이 발효시키기 쉽게 잘게 자르고 갈아서 올리고당 10%를 넣어 완전 발효를 시키고, 거기에서 나온 발효액을 숙성시킨 다음 물에 타서 먹는 산야초 발효액도 있다.

무설탕 산야초 발효액이라고 하는 제품의 제조 원리는 이렇듯 미생물의 특성을 활용한 극히 단순하고 간단한 것이다.

적절한 미네랄의 공급으로
미생물의 번식을 돕자

과일 발효액이나 산야초 발효액을 담글 때 관심을 가져야 할 것이 염분, 즉 미네랄이다. 자연계의 모든 생물은 염분을 필요로 하며 미생물도 예외가 아니다. 특히 천일염에는 필수미네랄이 가득하고 천일염을 약성으로 가공한 죽염은 더 좋다.

EM 발효액을 만들 때에도 천일염을 약간 넣어야 발효가 제대로 되며, 홍차버섯 역시 미량의 죽염을 넣고 발효시키면 미네랄의 보충으로 유익균의 활동이 활발해진다. 특히 발효액을 잘 만드는 고수일수록 천일염 대신 죽염을 조금씩 넣는 것을 보면 죽염이 발효와 맛에 영향을 미친다는 것을 알 수 있다.

염장식품이 아니더라도 발효와 염분은 깊은 관계가 있다. 추운 날씨 때문에 고기가 부패할 걱정이 없는 고산지대에서도 돼지고기를 소금으로 발효시켜 벽에 걸어 놓고 먹고 있는 것을 볼 수 있다. 또 중국과 일본, 동남아에서는 쌀겨와 천일염을 이용해 생선을 삭혀 먹는 것이 발달한 것을 봐도 소금과 유익균 발효는 깊은 관련이 있다는 것을 알 수 있다.

따라서 EM 발효액과 홍차버섯을 만들 때는 물 1.5ℓ당 죽염을 티스푼으로 반 정도만 넣으면 발효 효율뿐만 아니라 발효액의 영양 가치도 높아진다.

미생물의 섭생과 생리는 다 똑같기 때문에 산야초 발효액을 담글 때도 미량의 죽염을 함께 넣으면 발효가 더 잘 되고 건강에 좋은 발효액을 얻을 수 있다.

버섯 가운데 바위에 붙어 자라는 석이버섯은 1년에 몇 mm밖에 자라지 않기 때문에 10년에서 15년 이상 자라야 채취할 수 있다. 그런데 김장을 담글 때 이 석이버섯을 채 썰어 넣으면 오래 보관해도 군내가 나지 않고 덜 물러서 사각거리는 맛을 유지할 수 있다. 석이버섯이 천연방부제의 역할을 하는 것이다.

실제로 석이버섯은 각종 암에 대한 항암력이 매우 뛰어나며, 장이 연약하고 무력해서 생기는 설사 예방에도 큰 효과가 있다. 장을 튼튼하게 만들어 준다는 것인데, 이는 미네랄이 유익균을 증식시키는 데 도움이 된다는 것을 의미한다.

이것만 보더라도 미네랄의 중요성을 알 수 있다. 바위에 붙어 자라는 석이버섯은 광물성 영양소인 미네랄이 다양하고 가득하다. 이 미네랄의 성분이 김치의 발효를 돕고 부패를 방지하는 것이다.

발효의 힘은 위대하다. 약품으로 삭힌 홍어는 체내에 중금속이 남아 있지만, 진짜 전통방식으로 삭힌 홍어는 중금속도 제거된다.

소금도 마찬가지다. 젓갈의 예를 보자. 미네랄이 많은 국산 천일염으로 담가 제대로 숙성시킨 젓갈은 국산 천일염 속에 들어 있는 다양한 미네랄이 발효 과정에서 생선의 중금속과 독성을 제거하면서 맛있게 익게 만든다. 그러나 미네랄이 없고 나트륨 농도만 높은 수입 천일염으로 젓갈을 담그면 생선 속의 중금속은 물론 독소를 제대로 제독하지 못하기 때문에 발효할 때 삭으면서 발암물질을 만들어낸다.

중요한 것은 국내에서 유통되고 있는 많은 양의 젓갈이 국산 천일염이 아닌 수입 천일염으로 절여지고 있다는 점이다. 뿐만 아니라 그것도 모자라 색소와 MSG를 넣는 젓갈도 많다.

젓갈을 절일 때 반드시 국산 천일염을 쓰고, 색소와 MSG를 넣지 않은 젓갈이야 말로 공해시대, 오염시대의 대안이 될 것이다.

발효 식품의 과학화와
규격화의 필요성

국산 천일염의 미네랄 가운데 중요한 것이 철^{Fe}이다. 광물성물질인 철은 모든 생물의 몸속에 널리 존재하고 있다. 이 철이 특히 중요한 것은 우리 몸속에서 에너지를 전환하는 데 결정적인 일을 하는 분자이기 때문이다. 따라서 철은 생명체의 유지에 없어서는 안 될 중요한 원소다.

철은 동물의 간이나 육류, 두류, 말린 과일, 가금류, 생선, 전곡, 푸른잎 채소 등에서 얻을 수 있다. 특히 동물의 간에 많이 들어 있다. 그런데 체내에 저장된 철이 정상적인 혈구 생성에 필요한 양보다 적으면 빈혈이 오는 등 대사에 문제가 생긴다. 축사의 소들이 쇠를 핥는 것도 체내에 철이 부족하기 때문이다.

철은 국산 천일염 중에서도 쇠로 된 솥에서 구운 천일염인 죽염 속에 많이 들어 있다. 한국과학기술원의 분석 결과를 보면 9회 죽염의 철 함량은 0.0093로 천일염의 철 함량 0.0047보다 두 배나 높다. 이는 무엇보다 쇠화로에서 기체 상태로 죽염에 흡수된 철의 양도 그만큼 많다는 것이다.

철의 분자는 세포 흡수가 잘 되지 않아 철분제나 붉은 고기의 함유된 철분을 섭취했을 때 체내 활성산소를 만들어 암 발생률을 높이지만, 쇠화로에서 기체 상태로 죽염에 흡수된 철은 오히려 암을 억제하게 된다.

국민 건강을 위한 영양학적 관점에서나 김치 종주국으로서 김치의 고급화와 과학화를 위해 소금 속의 철 등 각종 미네랄의 함량을 보다 면밀히 연구해서 KS 규격화 등 식품 전반에 첨가물로 적용하는 문제를 검토할 필요가 있다.

　　이상과 같이 미생물의 습성과 발효의 원리를 알고 설탕 대신 올리고당을 활용하는 방법과 최적의 발효 여건, 발효 환경을 조성해 매실 등의 과일과 산야초를 발효시킨다면 더 이상 몸에 해로운 설탕절임물이라는 말은 듣지 않게 될 것이다.

　　사실 지금까지 제시한 방법들은 예전 설탕과 1대 1로 섞어 발효시키는 방법보다 번거롭고 귀찮기는 해도 어렵지는 않다.

　　우리 한국인들은 효소와 발효에 관심이 많고 또 과일 발효액과 산야초 발효액을 많이 담가봤기 때문에 이 방법들을 응용해 몸에 해롭지 않은 최고의 과일 발효액과 산야초 발효액을 만들어낼 수 있을 것으로 기대한다.

　　내가 바라는 것은 건강한 식품으로 세상을 건강하게 만드는 것이다. 신이 주신 최고의 약성식물인 산야초를 폐해가 큰 설탕 없이도 제대로 발효시켜 그것을 누구나 먹게 만들고, 이로 인해 세상이 더 건강해지기를 바라는 마음뿐이다.

모균의 힘

종갓집에서 대를 이어 지켜온 간장을 종갓집 간장이라고 한다. 국내에도 350년, 450년이나 된 간장이 있다. 그리고 50년 이상 묵은 간장은 한 병에 백만 원, 이백만 원이나 나가며 450년 된 간장 항아리는 가격이 1억 원을 넘는다고 한다.

종갓집 간장은 색깔이 진하고 항아리 바닥에는 얼음처럼 투명한 소금이 가라앉아 있다. 이것이 종자소금이다. 이 소금은 너무 굳어 딱딱하기 때문에 대부분 버리는데, 종갓집에서는 버리지 않고 이 소금도 녹여서 간장을 섞어 다시 붓는다.

종갓집 간장에는 오랜 세월 동안 강력한 염분 속에서 계대배양이 된 종자균이 있다. 이 종자균이 간장의 씨앗이다.

계대배양된 종자균의 힘은 매우 강하다. 잘 낫지 않은 종기에 종갓집 간장을 바르면 금방 낫는다. 또한 비염 환자의 콧속에 종갓집 간장을 거즈에 묻혀 콧구멍 속에 교대로 넣어두면 비염이 사라진다. 예전 약이 없던 시절에 머리가 깨지거나 하면 할머니들은 장독 안에 있는 오래된 된장을 떠서 상처에 붙였다. 이렇게 된장만 붙여도 된장 속의 강력한 종균이 세균의 침입을 막아 상처를 곪지 않게 하고 빨리 아물게 했다. 그러나 이런 상처에 요즘 만든 된장을 바르면 그런 강한 종균의 힘이 없어 금방 곪는다.

이것이 수백 년 세월 동안 독한 환경 속에서 계대배양이 된 종자균과의 차이다.

CHAPTER 4

신이 주신
태초의 먹을거리!
현미와
현미효소

쌀과 밀에는 인간이 먹으면 육체와 정신 모두가
건강하도록 많은 영양소가 골고루 균형 있게
분배되어 있다. 그래서 먹으면 살이 되고
피가 되며, 최고의 약도 될 수 있는 것이
태초의 쌀인 현미다.

현미에 대한 올바른 이해

왜
꼭 현미여야 하는가

지금은 현미를 배지로 이용한 현미효소가 넘쳐나고 있다. 쌀과 보리쌀, 콩, 옥수수 등 각종 곡류가 많은데 왜 현미로 효소 제품을 만들까. 그것은 두말할 필요 없이 현미가 인간, 특히 동양인들에게는 신이 주신 최고의 먹을거리이기 때문이다.

신은 인간을 창조할 때 인간에게 가장 적합한 먹을거리도 함께 준비했다. 그것이 주식主食으로 우리 동양인에게는 쌀, 서양인들에게는 밀을 주었다. 이 쌀과 밀에는 인간이 먹으면 육체와 정신 모두가 건강하도록 많은 영양소가 골고루 균형 있게 분배되어 있다. 그래서 먹으면 살이 되고 피가 되며, 최고의 약도 될 수 있는 것이 태초의 쌀인 현미다. 따라서 우리가 가장 많이 먹는 주식인 쌀을 올바로 먹어야 육체도 정신도 건강해질 수 있다.

신은 자상하게도 현미의 씨눈인 배아胚芽 속에 쌀의 영양분을 모두 집결시켜 놓았고, 껍질에는 현대병을 극복하는 데 중요한 피틴산Phytic Acid과 섬유소를 가득 넣어두었다. 피틴산이란 곡류와 콩류, 나무의 열매 껍질에 들어 있는 천연 식물 항산화제로 우리 몸이 무기질류를 흡수하는 것을 막아 건강을 지켜주는 매우 중요한 물질이다.

이렇듯 신은 처음 쌀을 만들 때 우리 인간의 주식인 쌀 속에 온갖 영양소를 가득 넣고 외부로부터 잡균이나 곰팡이가 침범할 수 없도록 이중의 껍질로 감싸놓았다. 즉 외피는 튼튼한 왕겨로 감싸고 내피는 쌀겨로 빈틈없이 둘러싼 것이다. 인간에 대한 신의 배려가 얼마나 대단한가.

인간은 이런 신에게 감사하며 태초부터 현미를 착실히, 그리고 열심히 먹으며 건강하게 살아왔다. 약이라곤 없었던 시절에 각종 질병으로부터 인간을 지켜준 것이 바로 주식인 현미였다. 그때는 적어도 요즘 같은 각종 이상한 병에 걸리지 않고 대부분 건강했다.

그러나 문명이 발달하면서 인간은 교만해지기 시작했다. 산업혁명 이후 발동기가 만들어지면서 벼를 도정하는 공장이 생겼고, 사람들은 벼의 껍질뿐만 아니라 쌀의 껍질까지 기계로 깎아 백미를 만들어 먹기 시작했다.

조선시대 말까지만 해도 현미를 먹었던 우리나라도 일제 강점기에 정미소가 들어오면서 흰쌀을 먹기 시작했고, 쌀의 영양분이 가득한 쌀겨는 가축의 먹이가 되었다.

현미밥에 비해 희고 부드러우며 껄끄럽지 않고 입 안으로 술술 잘 넘어가는 흰쌀밥은 사람들의 입맛에 그렇게 맞을 수가 없었다. 하지만 주식이 현미에서 백미로 바뀌고 흰쌀밥을 먹으면서부터 사람들은 각종 병에 걸리기 시작했다. 대신 사람이 버린 쌀겨를 먹고 자란 소나 돼지들은 건강하고 튼튼해졌다. 정말 아이러니한 일이 생긴 것이다.

사람들은 욕심을 내서 쌀 껍질을 더 많이 깎았고, 현미는 이내 우리 주변에서 자취를 감추고 말았다. 신의 깊은 뜻을 저버렸으니 각종 현대병에 걸리게 된 것은 인과응보인 것이다.

현미의 배아에는 다양한 영양소와 효소가 들어 있지만, 백미는 도정한 후 2~3일이면 산패되어 식품으로서의 기능을 잃게 된다. 실제로 밥을 짓기 위해 현미를 씻으면 말간물이 그대로 있다. 그러나 백미를 씻으면 뿌연 뜨물이 나온다. 사람들은 영양 덩어리인 쌀눈을 깎아내는 것도 모자라 남은 영양소마저도 뽀득뽀득 문지르고 씻어서 내버리고 있다.

현미의 속껍질은 매우 단단해서 물속에 넣어 두면 최소한 사흘 정도는 지나야 연해지고, 겨울철에는 닷새 정도 넣어 두어야 부드러워질 만큼 강하다. 이 때문에 현미로 지은 밥은 사람의 위장에 들어가서도 약 하루 반, 즉 30시간 이상 지나야 소화 흡수가 된다.

그래서 현미밥은 사흘 전쯤 미리 물에 넣어다가 밥을 짓고, 또 먹을 때도 50번 이상 꼭꼭 씹어 먹으라고 신신당부하는 것이다.

자연의 생명력이
살아 있는 쌀, 현미

물론 현미밥은 먹기 껄끄러운 것이 사실이다. 그래서 어른들도 먹기를 싫어한다. 이런 현미밥이 과연 소화가 잘 될지 궁금해 하는 사람이 많다. 그러나 걱정할 필요가 전혀 없다. 현미의 씨눈과 속껍질에는 소화효소의 중요한 성분과 영양소가 모두 들어 있다. 그래서 꼭꼭 잘게 씹어 먹으면 이 효소와 영양소가 작용해 소화를 촉진시킨다. 따라서 현미는 밥알 하나하나를 꼭꼭 씹어야 효소와 영양소를 섭취할 수 있으며, 이렇게 먹으면 현미의 영양가는 백미에 비해 무려 100배나 높고 소화가 잘 되는 것은 물론 위장병까지 사라진다.

그러나 꼭꼭 씹지 않고 삼키면 위장에 부담을 주며, 분해되지 않은 현미가 장 속에서 유해균의 먹이가 되어 창자병인 장누수증후군을 일으키거나 대변을 통해 그대로 배설될 수 있다.

그렇다면 과연 새와 쥐 같은 동물들도 현미를 좋아할까. 일본에서 새들이 많이 날아오는 정원에 현미와 백미를 각각 따로 뿌려놓고 새들의 반응을 살펴보는 실험을 했다. 그 결과 새들은 모두 현미를 뿌려놓은 곳으로 날아가 모이를 주워 먹었고, 현미가 다 떨어지자 그때서야 백미를 뿌려놓은 곳으로 날아가 주워 먹었다. 새들도 본능적으로 백미보다 현미를 좋아한다는 것인데 이것이 자연계의 섭리다.

또 현미 방아만을 찧어 쌓아 놓은 방앗간과 백미만 찧어 쌓아 놓은 방앗간에 사는 쥐들을 조사해 보았다. 그랬더니 현미를 먹은 쥐들은 알맞게 크고 건강하며 털에 윤기가 좍좍 흘렀지만, 백미를 먹고 자란 쥐는 덩치가 커도 마치 물에 빠졌다가 나온 것처럼 털이 숭숭 빠지고 볼품이 없었다고 한다.

이것만 보더라도 현미는 사람뿐만 아니라 동물에게도 좋다는 것을 알 수 있다.

현미에는 사람의 건강 유지에 필요한 식물성 단백질과 지방, 당분이 충분히 들어 있기 때문에 현미만 잘 먹어도 식물성 단백질이나 지방, 기타 당분을 따로 섭취할 필요가 없다.

현미는 생명력이 있는 쌀이다. 백미는 물에 넣어 두면 그대로 썩지만, 현미는 싹이 나면서 싱싱하게 자란다.

현미를 먹는다는 것은 현미의 생명력을 먹는 것이다. 특히 현미 효소는 미생물의 힘을 이용해 현미를 발효시켜 소화 흡수가 잘 되는 발효 식품으로 만든 것이다. 거기다 발효 과정에서 미생물들이 생화학적 반응으로 만들어 낸 유용 성분까지 함께 먹는 것이니 누가 뭐래도 최고의 식품이 아닐 수 없다.

현미가
내 몸을 지킨다

현미 껍질에는 잔류농약이 많이 묻어 있을 수 있기 때문에 해롭지 않느냐고 묻기도 한다. 그렇다. 농약 속에 든 중금속은 무섭다. 밭작물은 비바람에 씻기거나 햇볕에 날아가기도 하지만 뻘로 된 논에서 자라는 작물은 농약이 뻘에 침착돼 작물이 흡수하기 때문에 농약에 더 노출돼 있다. 그러므로 음전기를 띠는 현미의 핀틴산이 양전기를 띠는 농약과 결합하여 배출되기는 하지만 현미는 유기농을 먹는 것이 좋다.

현미에 대한 연구가 가장 체계적으로 이뤄진 곳이 일본이다. 일찍이 현미의 효용성을 깨닫고 이에 대한 연구가 진행되었으며, 현미효소 역시 일본이 가장 먼저 발달했다. 일찍부터 일본 전국의학회는 평소 현미밥을 열심히 먹으면 독이 든 포도주를 마셔도 피틴산과 섬유질이 그 독성분을 배설한다는 입증 사실을 보고하기도 했다. 실제로 현미와 백미에 든 피틴산의 함유량을 비교해 보면, 현미의 수은 함유량은 백미보다 약 두 배 정도 많다.

그런데 밥으로 지어 먹은 후 변으로 배설하면 현미밥 속의 수은은 83% 이상이 배설되는 데에 비해, 백미밥은 2% 정도밖에 배출되지 못한다. 뿐만 아니라 백미를 먹는 사람의 머리카락 속에 든 수은의 함유량은 현미를 먹고 있는 사람보다 열 배나 더 많은 것으로 나타났다. 이 때문에 현미는 공해와 중금속 등 각종 환경물질에 노출된 현대인들에게 가장 적합한 음식이자 약이라는 것을 알 수 있다.

현미는 다이어트에도 큰 효과가 있다. 현미밥만 열심히 먹으면 영양
의 불균형으로 생긴 온몸의 쓸모없는 군살이 빠진다. 이것은 현미밥
을 먹고 있는 사람이라면 누구나 다 경험해서 알고 있는 사실이다.

현미밥만 열심히 먹어도 얼마 안 가서 각종 위장병이 사라지고
병으로 생긴 독살이 빠지면서 병이 낫고 새 살이 올라온다.

또한 현미에는 당질糖質이 많이 들어 있기 때문에 현미밥이나 현
미효소를 먹으면 자연히 단 것을 먹고 싶지 않게 된다. 식전에 단 것
을 먹으면 밥맛이 없어지는 것과 같은 이치다. 마찬가지로 다이어트
의 적인 간식이나 군것질도 하지 않게 된다.

왜 현미에 목숨 걸고
편식해야 하는가

생활 수준의 향상과 함께 의식주 환경도 변하면서 우리 곁에서 사라졌던 현미가 다시 등장한 것은 1970년대부터였다. 그전까지만 해도 오랫동안 식량난에 허덕이며 꽁보리밥을 먹기도 힘들었던 궁핍의 세월을 살아온 사람들은 오로지 흰쌀밥만이 최고였고, 현미 역시 거들떠보지도 않았었다.

그러나 주식이 흰쌀밥으로 바뀌면서 각종 현대병에 시달리게 되고, 현미가 이런 질병 치료와 건강에 효과가 있다는 사실을 깨닫게 되면서 점점 현미를 찾기 시작했다. 특히 현미 예찬론자들은 예나 지금이나 마찬가지여서 나름대로 큰 사명감을 갖고 현미 보급에 나섰다. 그 대표적인 사람으로는 서울위생병원 원장을 지낸 정사영 박사와 삼위일체 영어법을 개발하고 국내 최초의 영어 학원인 EMI 학원을 설립한 안현필 선생이 있다.

젊은 의사 시절부터 환자들에게 약보다 현미를 처방한 것으로 유명했던 정사영 박사는 20여 년 동안 병원을 운영하면서 현미식으로 수많은 환자의 병을 고쳤다. 당시 현대 의사가 이렇게 하는 것은 일반인들에게 매우 충격적인 일이었다.

또 삼위일체 영어 교수법으로 명성을 얻은 안현필 선생은 나이 들어 건강을 잃자 뒤늦게 자연건강법과 현미식의 중요성을 깨닫고 부귀와 명예를 모두 뿌리친 채 현미식 보급에 자신의 모든 것을 바친

분으로 유명하다. 〈삼위일체 건강장수법〉을 펴내고 자신의 삼위일체 영어로 공부한 판검사 등 공직자들과 일반인, 환자들을 대상으로 세상을 뜨기 전까지 자연식과 현미식의 중요성을 강의하고 교육했으며, 그의 이름을 딴 현미식 식당은 지금도 운영되고 있다.

니시의학을 비롯해 자연건강법을 전파하는 자연건강회와 민족의학회의 자연건강지도자, 채식주의자, 종교인들도 열심히 현미의 중요성을 강조하며 현미 보급에 나섰다. 당시 현미는 일본뿐만 아니라 미국에서도 그 효과와 효능에 대한 많은 연구가 이루어졌다. 실제로 현미식은 간암과 위암, 폐암, 자궁암, 전립선암 등 각종 암은 물론 심장병과 위장병, 간장병, 신장병, 당뇨병, 비만, 신경통, 변비 등 광범위한 질병에 걸쳐 치병 효과가 나타났고, 이에 대한 사례와 연구 결과가 미국에서도 많이 발표되기도 했다.

이처럼 현대의학이나 자연의학, 민족의학을 하는 사람들은 물론 현대의학에 자연의학을 접목한 의사, 한의사, 한약사 등이 오늘도 보이지 않는 곳에서 현미식 보급에 애쓰고 있다.

이들의 노력에 의해 사람들은 현미식의 중요성을 새삼 깨닫게 되었으며, 그 결과 현미식을 하는 사람도 점점 늘어나기 시작했고 현미를 공급하는 농민도 많아졌다.

그리고 1980년대 중반에 우리나라에도 마침내 현미를 미생물로 발효시킨 현미효소가 등장했으며, 2000년 후반부터 많은 업체가 현미효소를 판매하면서 이제 현미는 우리 곁에 주류식품의 하나로 되돌아온 것이다.

현미의
놀라운 영양소

현미에는 과연 어떤 성분들이 들어 있어서 치병효과가 있고, 또 우리 몸을 건강하게 만드는 것일까.

현미의 대표적인 성분으로는 앞서 얘기한 피틴산과 감마오리자놀, 토코페놀, 이니시톨, 훼룰라산, 셀레늄, 비타민 B군 등이 있다. 이 중 피틴산Phytic Acid은 강한 항산화작용을 하기 때문에 병들고 늙게 하는 산화작용으로부터 몸을 보호하고 중금속과 공해물질 등 유해물질을 흡착해서 배출해 건강을 유지시켜 준다. 또한 암세포 안에 들어가 유해물질에 부착해서 배출하기 때문에 암세포를 정상세포로 변환시키기도 한다.

현미의 속껍질에 다량 함유되어 있는 식이섬유 역시 중금속과 다이옥신, 식품첨가물 등의 이물질과 지방, 콜레스테롤 등의 유해 과잉물질을 배설하며 장의 연동운동을 도와 배변이 잘 되도록 한다.

감마오리자놀γ-oryzanol은 동식물계에 널리 분포되어 있는 아미노산의 일종으로 포유류의 소뇌에 존재하는 신경전달물질을 구성하고 있다. 우리 몸속에서 간뇌의 시상하부를 자극해 내분비계와 자율신경을 조절하고 중추신경을 강화시키며 성장을 촉진하고 체내 콜레스테롤을 낮춰주는 작용을 한다.

토코페롤Tocopherol은 비타민 E를 구성하는 성분으로 인간의 체력을 항상 변함없이 꾸준하게 유지시켜 주고, 호르몬의 분비와 증진을 촉진해서 생식능력을 강화시켜 주는 물질이다. 세포 분열을 촉진하고 항산화작용을 하며 혈액순환 촉진과 혈전 생성을 막아주는 효과가 있다.

이노시톨Inositol은 피틴산이 분해될 때 생성되는 비타민 B군으로 항지방간 비타민이다. 간 기능 강화와 지방간, 간경변의 예방과 치료에 효과가 있으며 노화와 동맥경화를 막아주고 콜레스트롤 수치를 정상화시켜 준다.

훼룰라산Ferula Acid은 식물의 세포벽을 형성하는 물질로 항산화작용이 뛰어나고 몸속의 활성산소를 제거하는 효소인 SODSuperoxide dismutase와 같은 역할을 하고 있다. 훼룰라산은 황색포도구균에 대한 항균작용도 뛰어난 것으로 알려져 있다.

현미는 암을 예방하는 데 효과가 큰 물질인 셀레늄Se도 다량 함유하고 있다. 셀레늄은 우리 몸속에서 SOD를 만드는 데 필수적인 물질이다.

또한 현미에는 비타민 B1과 비타민 B2, 비타민 B6, 비타민 E 등 비타민 B군은 물론 뇌와 신장의 혈류와 대사를 개선하는 아미노산인 GABAAminobutyric acid도 많이 함유하고 있다.

현미효소는 제품마다 다르지만 위와 같은 현미에 미생물과 효모, 유산균 등을 접종해 발효시키고 여기에 미네랄과 핵산, 베타클루칸, 파이토케미컬 등의 각종 유용 성분을 가미해서 소화흡수율을 높인 것이다.

잘 만들어진 현미효소는 소화제나 영양제보다도 가치가 높고 약국에서 파는 소화제 따위와는 비교할 수가 없다. 그리고 체질을 개선시켜 암을 비롯한 그 어떤 질병도 극복할 수 있으며 그에 대한 무수한 사례가 있다.

가장 중요한 것은 현미는 태초에 신이 우리 인간에게 주신 먹을거리이기 때문에 현미를 먹으면 우리 몸이 질병에 걱정이 없는 태초의 자연으로 되돌아간다는 점이다.

어떤 현미효소 제품이
좋은가

현미효소 제품은 오랫동안 먹어야 하기 때문에 가급적 유기농 친환경 제품을 먹는 것이 좋다. 요즘 농촌에서도 농민들의 의식이 많이 달라져 무농약, 친환경 등으로 벼농사를 짓고 있지만, 무늬뿐인 무농약, 친환경 벼일 뿐 잘 관리되고 있는지 솔직히 믿기가 어렵다. 따라서 소비자가 유기농인가를 확인하고 찾아야만 농촌이 변하고 국민 건강이 변한다.

같은 현미라도 배아를 발아시키면 영양 가치가 훨씬 높아진다. 모든 종자는 발아를 할 때 영양소가 극대화되고 항산화물질도 많이 생성하기 때문인데, 발아를 시키면 그렇지 않을 때보다 영양소가 무려 5~6배나 증가한다.

그리고 발아 발효된 현미는 거의 100% 소화 흡수되기 때문에 현미 고유의 영양소를 고스란히 섭취할 수 있고, 이렇게 먹으면 우리 인체에 필요한 모든 영양의 고른 밸런스가 잡혀 음식물도 적게 먹게 된다. 그러나 현미를 발아시키는 것은 그 과정이 까다롭고 번거롭기 때문에 실제로 발아 현미를 사용하는 제품은 찾아보기 힘들다.

공장에서 갓 도정해 실어온 현미라도 도정 과정에서 배아가 많이 깎인 현미는 발아 자체가 잘 되지 않기 때문에 배아가 깎이지 않게 도정하는 것이 중요하다.

도정 공장에 갓 도착한 배아가 살아 있는 현미를 물에 넣어 놓으면, 미생물의 효소활성작용으로 각종 영양소가 분해되면서 배아가 숨을 쉬며 살아 움직이기 시작하고 24시간 정도 후에 꺼내면 배아에서 싹이 튼다. 현미 배아를 발아시키기 위해 물에 넣을 때 가장 중요한 것이 발아에 필요한 최적의 온도와 숨을 잘 쉴 수 있는 산소의 공급이다.

현미 배아가 발효하기 좋은 최적의 온도는 30℃에서 37℃ 사이이며, 싹이 1mm 정도 자랐을 때가 효소 등 영양소가 가장 극대화되면서 많아지고, 그 이상으로 싹이 자라면 영양가가 떨어진다.

현미를 물에 넣어 발아를 시키다 보면 그 과정에서 부산물이 생성되기 때문에, 이 부산물이 산화작용을 일으켜 잘못하면 쉰 냄새가 나는 등 상할 수가 있다. 따라서 계속 산소를 공급해서 중간에 한 번 정도는 물을 교체해야 한다.

이렇게 해서 24시간 후 밖으로 건져내면 싹이 눈에 띄게 자란 것이 보이는데, 영양소가 극대화된 최적의 크기로 자랐을 때 건조해서 미생물을 접종해 발효시킨다.

발효가 끝나면 다시 건조해서 유용 성분을 첨가한 후 분쇄기로 분쇄해서 분말로 만들며, 이때 업체에 따라 현미에 부족한 단백질 분해효소인 프로테아제 등을 첨가하기도 한다. 이것이 바로 현미 분말 효소, 가루효소다.

이 분말을 과립이나 환과 같은 결정체로 만들기 위해서는 약간의 수분을 첨가해 또 다시 열을 가해 가공하는 공정을 거쳐야 한다. 가공 식품은 가급적 가공 공정을 최소화한 것이 좋기 때문에 과립이나 환보다는 분말이 더 좋고, 가격 또한 싸야 하는 것이 옳다.

우리가 먹는 현미 분말효소 제품이나 과립 제품은 모두 이런 과정을 거쳐 제조된 것으로 현미를 발아시키는 것이나 분말효소 제조 과정은 매우 번거롭고 많은 정성이 필요하다.

결론적으로 현미효소는 우리 몸속에서 소화 흡수가 잘 되기 때문에 장의 활동이 활발해져 음식물이 위와 장에서 머무는 시간이 짧아지고 신진대사가 원활해지며 세포와 체질을 건강하게 만든다.

또한 부족하기 쉬운 체외효소를 공급해 체내효소를 본연의 임무에 사용하도록 돕고, 몸속의 노폐물과 독소, 중금속, 식품첨가물, 기름 등의 유해물질을 분해해서 배출함으로써 피를 맑게 하고 면역기능을 강화시킨다.

현미효소는 우리 몸을 적정 체중으로 만들어 주며 고른 영양소의 섭취로 질병을 예방하고 체력을 강화시켜 주며 각종 약품의 복용량을 줄여 준다. 아울러 노화의 진행을 느리게 하며 수명을 연장시켜 준다. 이러니 현미와 현미효소가 얼마나 좋은 제품인가.

잘 씹지 않고 현미밥을 먹게 될 경우 현미의 핀틴산이 체내의 칼슘, 철, 망간과 결합해 몸 밖으로 배출시키므로 오히려 영양 부족을 가져올 수 있다. 하지만 현미를 발아시켜 가루로 효소를 만들 경우, 그러한 부작용도 겪지 않고 현미의 영양가를 90% 이상 체내에 흡수시킬 수 있다. 무엇보다 도정한 지 얼마 되지 않은 신선한 무농약이나 유기농 현미로 만들어야 한다.

현미약초효소

현미와 약초의
이상적인 만남

이 글을 쓰면서 신이 주신 먹을거리인 현미의 정수가 모인 씨눈과 속껍질인 미강에 특정 질환에 좋은 약초를 넣어 유산균으로 발효시키는 방안에 대해 많은 생각을 했다. 만약 이렇게만 한다면 최고의 식품인 현미와 약초의 이상적인 만남이 될 것이며, 그 효과가 배가된다는 것을 여러 사례에서 확인했다. 그리고 전문가들과 이에 대해 많은 얘기를 나누었다.

단순한 현미효소를 떠나 약초와 결합한 현미약초효소는 각종 퇴행성질환을 비롯해 난치병으로 고통받고 있는 환자들에게 기대 이상의 효과를 가져다 줄 것이다. 또한 일반 가정에서도 현미약초효소를 담가 먹으면 전 국민이 건강하게 될 것이라는 강한 확신을 갖고 있다.

현재 국내에서 미강을 사용해 특정 약초를 발효시킨 현미약초효소 시장은 미강에 꽃송이버섯을 섞어 발효한 효소 제품만 잘 알려져 있고, 미강에 다른 약성식물, 약초를 섞어 발효한 제품은 거의 없는 실정이다. 물론 미강을 단순히 유산균으로 발효시킨 식품으로는 현미김치가 있다.

현미김치는 미강을 유산균으로 발효시키다 보니 맛이 김치처럼 새콤하다고 해서 붙여진 이름이다. 미강을 발효시킨 현미김치의 효과는 믿기 어려울 만큼 탁월하다. 심한 변비로 인해 화장실을 며칠 만에 한 번씩 갈 정도로 고생하던 사람도 현미김치만 먹고도 깨끗하게 나은 사례가 많다.

변비는 병원에 가도, 약으로도 쉽게 치료할 수 있는 병이 아니다. 그런데 미강을 발효한 현미김치가 놀라운 위력을 발휘한다. 실제로 현미김치는 다양한 질환에 효과를 나타낸다. 먼저 장에 유산균을 충분히 공급하여 유익균이 번식하고, 풍부한 섬유질이 배변을 돕는다. 또한 미강의 풍부하고 고른 영양소는 영양의 균형을 맞춰주어 신진대사를 돕고 몸을 건강하게 만든다.

현미김치는 만성통풍으로 고민하는 사람들에게도 큰 효과가 있다. 현미김치가 발효되면서 생성된 성분이 몸속에 차 있는 요산의 결정을 녹여 통풍을 치료하는 것이다. 실제로 현미김치를 두 달만 먹으면 요산 수치가 정상으로 돌아온다.

뿐만 아니라 십이지궤양과 궤양성대장염, 고혈압, 구내염, 혓바늘, 아토피, 다리 저림, 부기 등 각종 질환에 빠른 효과를 나타낸다. 이것만 봐도 미강과 유산균, 발효 식품의 힘이 얼마나 대단한가를 알 수 있다.

미강에 꽃송이버섯을 접목한 꽃송이버섯 현미효소를 보자. 꽃송이버섯의 경우, 베타클루칸이 송이버섯의 100배, 상황버섯의 10배 이상 들어 있다. 이 때문에 미강에 꽃송이버섯 분말가루를 5% 이내로 섞어 유산균으로 발효시켜 꽃송이버섯 현미효소를 만들어 먹으면 놀라운 치료 효과를 나타낸다. 영지버섯이나 상황버섯, 동충하초, 백령 같은 버섯도 누구나 같은 방법으로 만들어 먹을 수 있다.

버섯류뿐만 아니라 구기자나 복분자, 도라지 등 다른 약초도 마찬가지다. 분말로 만들거나 끓여서 우려낸 즙을 사용하면 그것이 곧 현미약초효소가 된다.

그리고 현미김치처럼 단순히 미강만 발효시키는 것이 아니라 특정 질환 치료에 효과가 있는 약성식물이나 성분을 넣기 때문에 그 효능은 현미김치보다 월등히 높아진다.

현미약초효소는
최고의 발효 식품이자 약

베타클루칸이 많이 함유된 꽃송이버섯 현미효소의 효능은 놀랍다. 고지혈증 환자의 경우 식사 전후에 한 수저씩 하루 3번, 6개월에서 1년 정도만 꾸준히 먹으면 약을 먹지 않고도 대부분 호전을 보인다. 또 평소 혈액순환이 잘 안 돼 팔다리가 붓고 다리 저림이 심한 사람도 고지혈증이 사라지면서 건강을 회복하는 사례가 한둘이 아니다.

꽃송이버섯 현미효소는 대부분의 만성질환, 특히 퇴행성질환에도 호전을 보인다. 류머티스 관절염으로 무릎 통증이 심해 수술을 받으려고 했던 70대 여성은 꽃송이버섯 현미효소를 먹은 지 두 달 만에 송곳으로 콕콕 쑤시는 것처럼 아팠던 무릎 통증이 몰라보게 완화되었다. 이 여성은 관절염 때문에 30년 이상 약을 먹어왔는데, 당뇨와 고혈압이 심했고 불면증이 있었으며 갑상선에도 이상이 생긴 상태였다. 그러나 꽃송이버섯 현미효소를 먹자 이 모든 증상이 빠르게 완화되기 시작했다. 무엇보다 세균이나 바이러스, 곰팡이 등에 의한 감염으로 혀와 잇몸, 입술과 볼 안쪽 등에 염증이 생기는 구내염뿐만 아니라 잇몸의 통증도 사라졌다.

유방에 종양이 생겨 검사 결과 유방암 판정을 받은 40대 여성도 꽃송이버섯 현미효소를 먹으면서 종양이 자라는 것이 멈췄으며 변비도 없어지고 피곤함이 사라졌다고 한다.

수족냉증으로 인해 한여름에도 장갑을 끼고 양말을 신으며 살아야 했던 70대 남성 역시 꽃송이버섯 현미효소를 먹기 시작한 지 2주일 만에 몸에 훈기가 돌고 변비와 불면증이 사라졌다.

뿐만 아니라 꽃송이버섯 현미효소는 비염이나 기관지 이상 등 호흡기 계통 질환에도 빠른 호전반응을 보인다.

꽃송이버섯이 아닌 잎새버섯이나 영지버섯, 상황버섯, 동충하초, 복령 등 각각의 특성을 지닌 다른 버섯들도 마찬가지다. 굳이 버섯이 아니더라도 미강과 특정 약초를 섞어 발효시킨 현미효소는 병원에서나 약으로 치료하지 못하는 질병에 놀라운 효과를 나타낸다. 따라서 난치병과 퇴행성질환에 비싼 돈을 들여가며 해답도 제시하지 못하는 현대의학에 매달릴 필요가 없다. 그 어떤 난치성 질병에도 탁월한 효과를 보이고 있기 때문이다.

특정 버섯 대신 미강에 특정 질병의 치료 효과가 있는 약성식물이나 약초를 넣어 발효시키는 것이 바로 현미약초효소다.

예를 들어 뼈가 부러진 환자는 골절에 특효가 있는 홍화씨가루를 곱게 갈아 미강의 3% 정도를 섞어서 현미 홍화씨효소를 만들어 먹어보자. 또 몸이 냉한 체질의 환자는 미강에 몸을 따뜻하게 만드는 인삼가루를 섞어 현미 인삼효소를 만들어 먹고, 폐와 기관지가 약한 환자는 미강에 말린 도라지가루를 섞어 현미 도라지효소를 만들어 먹으면 좋다.

무릎이나 관절이 좋지 않은 사람은 우슬牛膝을 구해 우슬 현미효소를 만들거나, 또는 산야초 효소로 담그거나 홍차버섯으로 배양해 먹으면 좋다. 우슬은 약초의 형상이 소의 무릎의 닮았다고 해서 유래된 이름으로 무릎과 관절을 강하게 만드는 한약재다.

각종 산야초나 한약재도 이처럼 미강과 만나 유산균으로 발효시키면 최고의 발효 식품이자 약이 된다.

산야초나 한약재를 그저 단순히 끓여 마시는 것보다 미강과 혼합해 발효시키면 그 약성이 몇 배나 높아지고, 버섯과 같은 항암 식품과 혼합해 발효시켜 먹는다면 그 효과가 엄청나 만병통치약이 따로 없을 것이다.

현미약초효소는 완전 발효 식품으로 부작용이 거의 없다. 단, 버섯은 습기가 많은 곳에서 자라는 습한 식품이기 때문에 몸이 습하거나 페니실린 쇼크가 있는 사람은 버섯효소를 먹으면 심한 명현현상을 겪을 수 있다. 따라서 이런 사람은 버섯의 양을 줄이고 각자 체질에 맞게 옻이나 홍화씨, 쑥 등을 푹 끓인 물을 넣어 현미약초효소를 만들어 먹으면 좋다.

현미약초효소는 무엇보다 소화와 배변이 잘 되며 충분한 영양 공급으로 신진대사를 원활하게 해서 건강한 몸으로 만든다. 대사장애로 인해 생긴 각종 질환이 고쳐지는 것은 물론이다.

이것이 발효의 힘이자 미생물의 힘이다. 만약 난치병과 퇴행성질환 환자들이 이렇게 현미약초효소를 스스로 만들어 먹고, 또 발효식품업체들이 이런 다양한 제품을 개발해 공급한다면 우리 국민의 건강지수는 몰라보게 높아질 것이며 건강보험료 부담도 크게 줄어들 것이다.

CHAPTER 5

면역력의 대명사!
버섯효소

버섯이라고 하면 누구나 맛 좋고 영양가 높은
식품으로 알고 있다. 항암 효과가 뛰어난 식품이라는
것도 잘 알고 있다. 그렇다면 버섯의 어떤 성분이
어떻게 우리 몸에 좋은 것일까.

버섯에 대한 이해

신의 식품이자 불로장수의 영약|靈藥|, 버섯

요즘 항암작용이 뛰어난 버섯효소가 인기다. 버섯이라고 하면 누구나 맛 좋고 영양가 높은 식품으로 알고 있다. 항암 효과가 뛰어난 식품이라는 것도 잘 알고 있다. 그렇다면 버섯의 어떤 성분이 어떻게 우리 몸에 좋은 것일까.

꽃송이버섯을 이용한 발효 현미효소, 동충하초 등 버섯균사체를 배양한 균사체 현미효소가 사람들의 관심을 끌고 있다. 이뿐만이 아니다. 버섯균사체를 이용해 배양한 홍차버섯이라든가 버섯균사체로 발효시킨 산야초 발효액 등 버섯의 유용 성분과 버섯곰팡이균을 활용한 다양한 건강식품이 선보이고 있다.

우리 눈에 보이지 않지만 지금 이 순간에도 각종 버섯의 포자는 공기 속에 무수히 많이 떠다니고 있다. 깊은 산속이나 들판뿐만이 아니다. 동네 골목길, 집안 마당, 돌 틈 사이, 도로변 등 그 어느 곳에서나 버섯은 균사를 내리고 자라며, 특히 온도와 습도가 높으면 무섭게 번식한다. 평소 깨끗한 집안도 오랫동안 비워두면 어김없이 곰팡이들 속에서 이름 모를 온갖 버섯이 피어난다. 도대체 이 강인한 생명력은 어디에서 오는 것일까.

대지 위에 한바탕 비가 내리고 나면 온 천지에 먼지가 가득 찬 형태로 많이 나타나는 버섯이 있다. 바로 먼지버섯이다. 그래서 고대 사람들은 이 먼지버섯을 '비의 요정'이라고 부르기도 했다. 그런가 하면 비 온 후에 생겨나는 이 버섯이 땅을 비옥하게 만든다고 믿었기 때문에 '대지의 음식물'이라고 여겼다는 기록도 있다.

이처럼 비가 내리고 난 후면 공기 속에 떠다니던 포자가 땅에 뿌리를 내리기 때문에 버섯은 더 많이 번식한다. 날씨가 가물면 깊은 산속에서 버섯을 구경하기가 어려운 것도 이 때문이다.

실제로 버섯의 강인한 생명력은 놀라울 정도다. 두꺼운 아스팔트 밑에서 자라는 버섯은 포자가 퍼지면 그 단단하게 포장된 아스팔트마저도 뚫고 올라온다. 이것이 버섯의 힘이다. 잘 포장된 아스팔트를 뚫거나 그대로 들어올리기 위해서는 무려 수십 톤의 힘이 필요하다고 한다. 그런데 그 아스팔트 밑 어둡고 침침한 흙 속에서 무섭게 증식한 작고 하찮은 버섯들이 이런 엄청난 무게의 아스팔트조차도 뚫고 올라오는 것이다.

10만 년을 장수하게 만드는
공상의 풀|草|

그런가 하면 도교사상의 복록수福祿壽를 현세의 이상으로 생각하는 중국인들은 영지버섯을 불로장생의 상서로운 상징으로 믿고 예로부터 회화나 장식물의 소재로 많이 활용했다. 심지어 이들은 영지버섯을 10만 년 동안 장수하게 만드는 공상 세계의 풀草로 여길 정도로 믿음이 강했다.

중국 명나라 약학서인 〈본초강목本草綱目〉에서도 '영지靈芝를 장복하면 몸이 가벼워지고 늙지 않아 오래 살게 되어 신선에 이르게 한다.'고 했다.

우리나라도 버섯을 귀하게 여겼다. '버섯 장수는 장수長壽한다'는 옛 속담이 있는데, 이는 버섯이 그만큼 몸에 좋다는 것을 단적으로 표현하는 말이다.

우리 민족도 일찍부터 버섯을 많이 먹었다. 〈삼국사기〉에 의하면 신라 성덕왕 시대에 이미 나무에서 나는 버섯木菌·金芝과 땅에서 나는 버섯인 지상균地上菌·瑞芝을 식용했다는 기록이 있다. 또 〈고려사〉에는 미륵사의 중이 깊은 산속에서 기이한 풀을 발견하고 이를 영지라 하여 충숙왕에게 바쳤다는 기록이 있다. 〈세종실록〉에는 세종대왕 시대에 송이버섯과 표고버섯, 진이眞耳, 조족이鳥足耳의 식용버섯과 복령茯苓, 복신茯神 등 약용버섯의 주산지까지 기록되어 있다.

이것만 보더라도 우리 민족 역시 아주 오래전부터 버섯을 식용과 약용으로 많이 사용해 왔다는 것을 알 수 있다.

사실 '버섯'이라는 표현은 그 자체가 학문적인 용어가 아니다. 버섯은 식물도 동물도 아닌 유용미생물인 곰팡이균Fungi류에 속한다. 그러나 버섯은 곰팡이 가운데서도 고등곰팡이다. 즉 국균이나 고초균 같은 누룩곰팡이 등에 비해 버섯은 그 자체가 지능을 가진 고등곰팡이인 것이다.

곰팡이균류인 버섯은 엽록소를 갖고 있지 않기 때문에 스스로 양분을 만들지 못하고 다른 유기물에 기생하며 살며 포자로 번식하는 생물이다. 대부분의 곰팡이는 하나의 세포가 2개로 나뉘거나 또는 여러 개의 세포로 나뉘는 방식으로 분열해 번식하는데, 이 세포분열 자체가 곧 생식이다.

버섯은 유일하게 버섯갓 밑에 있는 생식기관인 담자기擔子器에서 무성생식無性生殖된 포자를 만들고, 이 포자가 바람에 날려가 떨어진 곳에서 발아한 균사菌絲가 실처럼 자라는 것이 특징이다. 버섯의 포자가 이처럼 실처럼 자란다고 해서 '실 사絲' 자를 써서 균사라고 부르는 것이며, 곰팡이류 가운데 실처럼 크는 곰팡이는 버섯만이 유일하다.

포자胞子는 식물의 무성적인 생식세포로서 보통 홀씨라고도 하는데, 다른 것과 합체하는 일 없이 단독으로 발아해서 새로운 하나의 개체가 된다. 고사리 같은 양치류 식물이나 이끼류 식물, 조류藻類 또는 버섯이나 곰팡이 같은 균류들은 이런 생식세포인 포자를 만들어 번식하는 것이다.

버섯의
구조와 특성

버섯은 그 구조가 자실체子實體와 균사체菌絲體로 이루어져 있다. 자실체는 버섯의 갓과 줄기를 말하며, 버섯의 생식기관으로 포자胞子로 번식하는 포자낭으로 뭉쳐져 있다.

자실체는 다음 종족 번식을 위해 포자 형성을 준비하는 기관이다. 대부분의 다른 균류들은 생식기관인 포자낭이 작은 반면에 버섯은 특이하게 큰 것이 특징이다. 그리고 한여름이 되면 이 포자낭에서 종족의 번식을 위해 포자를 날려 퍼트리기 시작하는데, 한꺼번에 수만 개의 개체를 퍼뜨린다.

버섯의 포자는 발아를 하면 먼저 1차 핵분열에 이어 2차 핵분열을 하고 그런 다음 균핵菌核이 형성된다. 이것이 균사 덩어리다. 균사 덩어리는 온도와 습도가 맞으면 자실체가 자라기 시작하는데 이 자실체가 버섯의 기둥과 갓이다.

이에 비해 균사체는 균류의 기본 바탕을 이루는 몸체 부분으로서 뿌리 부분에 해당한다. 이를 테면 버섯의 포자가 바람에 날리다가 썩은 나무나 토양, 또는 동충하초처럼 곤충의 몸에 뿌리내리면 그곳에 있는 영양소를 섭취하면서 서서히 배양되며 자라게 된다.

버섯은 이처럼 균핵이 형성되면서 자랄 때 항산화물질 등 각종 영양소가 극대화되고 원래의 균사 덩어리는 뿌리가 되며 이것이 바로 균사체인 것이다. 이때 균사체는 실처럼 핵분열을 하면서 성장하기 때문에 무서운 힘으로 커다란 나무도 부식시키고, 땅에 떨어지면 두꺼운 아스팔트조차도 밀고 올라온다.

자실체가 자라면 버섯은 종족번식을 위해서 생식기관인 담자기에 포자를 만들기 시작하며, 이 포자가 다 만들어지면 버섯은 포자를 날려 보내고 일생을 마감하게 된다. 따라서 버섯은 생식성장기관인 자실체와 영양공급기관인 균사체로 나누어지는데 진짜 영양은 균사체에 많이 들어 있다.

실제로 균사체는 자실체에 비해 영양소가 4~5배나 많고 효능은 무려 50~60배에 달한다. 하지만 사람들은 버섯요리를 할 때 이 중요한 균사체를 뿌리 채 싹둑 잘라버리고 자실체만 먹고 있다. 우리가 채소의 잎과 줄기와 뿌리, 열매 등을 모두 먹어 전체식全體食을 하는 것이 고른 영양의 섭취에 좋다고 강조하듯이 버섯 역시 자실체와 균사체를 함께 먹는 것이 가장 바람직하다.

버섯은 일반 식물과는 달리 엽록소를 가지고 있지 않기 때문에 탄소동화작용으로 자신의 생장과 번식에 필요한 영양분을 만들 수 없다. 햇빛을 받아 스스로 광합성光合成을 하지 못하는 생물인 것이다. 따라서 버섯은 균사체를 더 늘리고 자실체를 키우기 위해서 다른 생물에 기생하고, 그것을 숙주宿主로 삼아 영양분을 섭취하지 않으면 안 된다.

이 경우 버섯은 살아 있는 생물에 붙느냐, 죽은 생물에 붙느냐에 따라 활물기생活物寄生과 사물기생死物寄生으로 나뉜다. 이를테면 소나무 뿌리에서 자라는 송이버섯이나 유충에 붙어 자라는 동충하초가 활물기생에 속하고, 쓰러진 나무나 서 있는 고목에서 자라는 표고버섯이 사물기생에 속한다. 활물기생류나 사물기생류를 막론하고 각각의 버섯은 저마다 고유한 특성을 지니고 있다.

식용버섯의 공통점은 빛깔이 현란하지 않은 흰색이거나 옅은 주황색, 진한 갈색 등으로 대부분 결이 있어서 잘 찢어지는 것이 특징이며, 향기가 나는 것이 있고 나지 않는 것도 있다.

　독버섯은 화려하고 독살스럽게 생겼다. 그런데 식용버섯처럼 보이지만 색깔이 조금 다르면서 독버섯인 경우도 많다. 버섯 전문가조차도 겉모습만 보고는 식용버섯인지 독버섯인지 정확하게 판단하지 못할 정도다.

불로장생의 묘약,
동충하초

예로부터 약용으로 쓰는 버섯에는 영지버섯과 동충하초, 상황버섯, 복령버섯, 매각버섯, 흰무당버섯 등이 있다고 전해지고 있다. 하지만 버섯의 성분이 보다 과학적으로 밝혀지면서 우리가 미처 모르고 있었던 꽃송이버섯 등 각종 버섯들의 진가가 속속 밝혀지고 있다.

약용버섯 가운데 대표적인 것의 하나로 동충하초冬蟲夏草가 있다. 동충하초는 동충초 또는 충초라고도 하는데, 겨울이면 죽은 유충의 몸에서 기생해 살다가 여름이면 균사에서 자실체가 풀처럼 자라기 때문에 동충하초라는 이름이 붙여진 버섯이다. 겨울에는 충체의 양분을 흡수해서 유충을 죽이고, 여름에는 충체의 머리 부분에서 발아해 봉상의 균핵을 형성하고 여기서 풀로 자라는 것이다

보통의 자생하는 버섯들은 낙엽이 썩어 자양분이 퇴적된 토양이나 고목 등에서 자라 영양을 섭취하며 자라지만, 동충하초는 이처럼 동물성 영양분을 먹고 자란다는 것이 특징이다.

중국에서는 예로부터 동충하초를 불로장생의 묘약으로 여겨 역대 중국 황실에서 황제가 복용했으며 진시황과 양귀비도 애용했다고 전해지고, 93세까지 살았던 덩샤오핑 역시 즐겨 먹은 것으로 알려져 있다.

지난 1993년 독일 슈투트가르트에서 열린 세계육상대회에서 육상 감독 마쥔런이 훈련시킨 중국 선수들이 급부상하면서 한동안 세

계 육상 여자 중장거리를 휩쓸어 세계를 놀라게 한 적이 있었다. 그때 감독의 성을 따서 '마군단馬軍團'으로 불리던 이 선수들은 고산지대에서 강도 높은 훈련을 하면서 이로 인한 피로와 스트레스를 풀기 위해 동충하초를 섭취했다. 그런데 이 동충하초 드링크를 먹은 선수들의 원기 회복 속도가 다른 나라 선수들에 비해 몰라보게 빨랐고 이것이 기록 단축으로 이어졌던 것이다.

실제로 동충하초가 산소소비량을 억제한다는 것은 이미 각종 실험에서 증명돼 있다. 중국에서 실시된 연구 결과, 동충하초는 실험용 쥐의 생체 에너지 수준을 높이고 산소를 효율적으로 이용하게 해 피로를 빨리 해소시키고 지구력을 향상시키는 것으로 밝혀졌다. 또한 동충하초 발효추출물의 실험 분석 결과 역시 혈류 속도를 향상시켜 산소 공급을 원활하게 하고, 세포 내 미토콘드리아에서 에너지대사가 지속적으로 유지되도록 돕는다는 사실이 입증됐다.

동충하초가 국내에 본격적으로 알려진 것은 1990년대 말 농촌진흥청이 눈꽃 동충하초, 즉 누에 동충하초인 '자포니카'를 개발하면서부터였다. 현재 우리나라에는 누에와 번데기를 배지로 삼아 배양한 동충하초 제품과 동충하초 균사체를 배양해 그 발효액으로 만든 건강식품이 시판되고 있다.

식약처는 이들 동충하초 제품의 기능성과 안전성을 인정하지 않다가 2011년 5월 '시넨시스'에서 유래한 동충하초 발효추출물을 건강기능식품으로 처음 인정했다.

동충하초는 피로 해소와 체력 증진 외에 성 기능 강화, 암 예방, 혈당 조절에도 효과가 있는 것으로 알려져 있다. 또 한방에서는 동충하초를 정력과 성욕, 성 기능을 관장하는 신腎에 양기를 불어넣어 준다며 정력제로 처방하기도 한다.

중국에서 성 기능 이상을 호소하는 남성 2백여 명에게 동충하초를 40일 동안 섭취하게 했더니, 이 중 65%가 성욕과 성 기능이 점차 호전됐다고 응답한 것으로 나타났다. 실제로 식약청의 원재료 데이터베이스에도 동충하초는 성 기능을 강화하는 데 도움이 되는 물질로 표기되어 있다.

국내외의 많은 연구 결과에서도 동충하초가 간암과 대장암 세포 증식을 억제시키는 것으로 밝혀진 지 오래다. 동충하초에 든 아미노산의 일종인 코디세핀Cordycepin이 천연 항생제로써 면역력을 증강하고 암의 예방과 암세포 분열을 억제하는 것이다.

중국과 일본 등에서는 암에 걸린 쥐에게 동충하초를 먹인 결과, 암세포의 성장과 전이가 억제됐다는 연구 결과가 있다. 그리고 동충하초가 혈당을 떨어뜨린다는 것은 국내에서 동물 실험을 통해 이미 확인되었다. 이밖에도 동충하초에 대한 효과는 일일이 열거하기 힘들 정도다.

땅속에서 자라는 신령한 버섯,
복령

그런가 하면 버섯 가운데 땅속 붉은 소나무의 뿌리에서 자라는 버섯이 있다. 바로 복령茯苓이다. 복령은 적송의 뿌리에 버섯의 균핵이 기생해서 성장하는 버섯으로 둥근 모양과 길쭉한 모양 등 형체가 일정하지 않다. 대체로 표면은 암갈색이고 내부는 회백색을 띠며 신선한 냄새가 감돈다.

복령을 채취할 때면 긴 쇠꼬챙이로 소나무 밑의 땅을 찔러서 쇠꼬챙이 끝에 와 닿는 감촉으로 복령의 유무를 판단해 채취한다.

복령은 귀한 한약재로서 껍질은 복령피茯苓皮라고 하며 균체가 소나무 뿌리를 내부에 싸고 자란 것은 복신茯神, 내부의 색이 흰 것은 백복령白茯苓, 붉은 것은 적복령赤茯苓이라고 부른다.

복령은 항암작용이 뛰어나며 소화기관이 약하거나 전신 부종, 신장염과 방광염, 요도염에도 효과가 있고 이뇨작용을 돕는다. 가래가 많거나 호흡이 곤란한 증상인 만성기관지염과 기관지확장증에도 거담제와 치료제로 사용되고 만성위염에도 좋다. 특히 복령은 진정 효과가 뛰어나서 신경의 흥분으로 인한 초조와 불안, 자주 놀라고 입이 마르며 식은땀을 흘리는 증상에 안정제로 쓰인다. 또 눈과 정신을 맑게 만들어 수도나 수련을 하는 사람이 밥 대신 복령을 먹으면 육체적 정신적 능률을 증진시키는 신령스러운 식품이다.

복령을 이용한 대표적인 전통 처방이 경옥고瓊玉膏다. 경옥고는 우리나라와 중국에서 오랜 역사와 함께 현재까지 이어져 내려온 대표적 한방 처방으로서 생지황生地黃과 인삼, 백복령白茯苓 가루를 꿀에 재어 항아리에 넣고 몇 번의 중탕을 거쳐 만든다. 경옥고는 옛 의서에 정精을 채우고 수髓를 보하며, 모발을 검게 하고 치아를 나게 하며, 만신萬神이 구족俱足하여 백병을 제거한다고 기록되어 있을 정도다.

국내에서 유통되고 있는 복령은 중국산이 많은데, 최근에는 국내에서도 인공재배에 성공해 많이 생산되고 있다.

한편 요즘에는 치매 예방과 치료를 도와주는 노루궁뎅이버섯이 각광을 받고 있다. 노루궁뎅이버섯이란 명칭은 버섯 주변에 털이 나 있는 생김새가 노루의 엉덩이와 같다고 해서 붙여진 이름이다.

노루궁뎅이버섯은 가을 한철에만 높고 깊은 산속에서 발견되는 희귀한 버섯으로 예전에는 산삼보다 더 구하기 어려운 것으로 알려져 있었다. 그러나 중국에서는 3천 년 전부터 식용과 약용으로 사용돼 왔으며, 20여 년 전 일본에서 암과 치매, 당뇨에 효과가 있다는 것을 밝혀낸 후 우리나라에서도 본격적으로 인공재배를 하고 있다.

일본에서는 노루궁뎅이버섯이 고혈압과 저혈압, 협심증 등 심혈관계 질환과 십이지장궤양, 만성위염 등 소화기관계 질환을 비롯해 류머티스와 자율신경실조증, 부인과질환 등 호흡기와 생식기, 비뇨기. 피부질환, 치매에도 효과가 있다는 다양한 연구 결과가 발표되었다.

우리나라 농촌진흥청 실험 결과, 노루궁뎅이버섯은 인지 능력의 개선 효과와 치매 예방에 치료제의 가능성이 높은 것으로 나타났다.

**유산균 발효버섯 현미효소가
각종 질병에 치료 효과를 나타내는 이유**

1. 현미와 우유의 단백질 영양분이 인체 장기의
   구성 성분이 되므로 인체에 흡수되기 쉬운 상태로
   분해된 영양분을 집중 공급

2. 버섯 특유의 강력한 항암 효과와 항종양 효과

3. 식초와 같은 초산균 등은 산성이지만
   체내 들어가 활성산소를 없애면서
   인체의 체액과 같은 약알카리성으로 전환

4. 현미와 꽃송이버섯의 섬유질이 대장에 좋은
   유익균을 번식하게 하는 먹이가 되어
   대장이 건강해지면서 면역력 상승

5. 효소와 각 미네랄의 다양한 작용으로
   인체대사의 정상화를 가져오고
   세포 하나하나를 재생

버섯의 뛰어난
항면역, 항산화, 항종양 작용

항암 성분이 뛰어난
꽃송이버섯

요즘 많은 버섯 가운데 국내에서 꽃송이버섯과 잎새버섯이 최고의 항암 식품으로 각광을 받고 있다. 이 중 꽃송이버섯은 우리나라와 일본, 중국, 북미, 유럽, 호주 등에서 자생하는 약용식물로서 흰색과 담황색의 꽃양배추 모양을 하고 있다. 8, 9월이면 소나무와 잣나무, 전나무 등 침엽수의 뿌리 부근 땅 위나 그루터기에서 자라는데, 국내 버섯재배 농가에서도 대량 재배에 성공해 널리 보급되고 있다.

꽃송이버섯은 씹는 맛이 좋고 송이버섯 같은 은은한 향이 나서 반찬용으로도 인기다. 균사체는 덩이 모양인 자루로 되어 있고, 자실체는 꽃잎 모양의 얇은 조각이 아래쪽에서부터 위로 발달해 있다.

꽃송이버섯이 최근 각광을 받고 있는 것은 단연 뛰어난 항암 성분 때문이다. 버섯에 항암 효과가 있다는 것은 오래전부터 잘 알려져 있다. 그러나 버섯의 어떤 성분이 항암작용을 하는지 과학적으로 규명된 것은 비교적 최근 들어 생화학이 발달하면서부터다. 무엇보다 과학자와 의사들은 버섯의 베타글루칸(1-3)이라는 물질이 항암작용에 뛰어나다는 것을 밝혀냈다. 베타글루칸(1-3)이 백혈구처럼 우리 몸속에서 면역작용을 하는 대식세포大食細胞와 T세포, 자연살해세포인 NK세포 등의 면역력을 높여 암을 물리친다는 사실을 알아낸 것이다.

실제로 오늘날 항암치료제로 개발돼 사용되고 있는 치마버섯과 잎새버섯, 표고버섯의 주요 성분이 모두 베타글루칸(1-3)이다. 천연 상태에서만 추출할 수 있는 이 물질은 부작용이 없고 분해 속도가 느리기 때문에 체내에 오랫동안 남아 다양한 작용을 하면서 면역세포를 활성화하는 기능을 하는 것으로 알려져 있다.

꽃송이버섯은 그 어느 버섯보다도 베타글루칸(1-3)을 가장 많이 함유하고 있다. 꽃송이버섯의 베타글루칸(1-3) 함유량은 100g당 43.6g으로 아가리쿠스나 송이버섯, 잎새버섯, 영지버섯, 느타리버섯보다 3배에서 5배나 많다.

꽃송이버섯과 잎새버섯의
놀라운 면역력

그렇다면 베타글루칸(1-3)이 과연 무엇인지 알아보자. 먼저 글루칸 Glucan이라고 하는 것은 다당류의 일종이다. 다당류라는 것은 포도당이나 과당 등 당류가 최소 단위로 단당이 결합하고 있는 것을 말한다. 다당류에는 여러 가지 종류가 있으며, 그중에서 글루칸의 특징은 오로지 포도당만이 연결되어 있다는 점이다.

다당류인 글루칸에는 알파글루칸과 베타글루칸 두 가지가 있다. 이 두 가지는 단당이 결합하고 있는 방식에 의해 분류된다. 즉 단당이 서로 알파 결합을 이루고 있는 것을 알파글루칸, 베타 결합을 이루고 있는 것을 베타글루칸이라고 부른다. 그런데 알파글루칸과 베타글루칸은 면역세포의 활성면에 있어서는 그 기능이 전혀 다르다. 알파글루칸에는 면역활성 기능이 전혀 없고 베타글루칸만이 면역세포를 활성화하는 기능이 있다.

베타클루칸은 단당의 결합방식에 따라 여러 종류가 있다. 베타글루칸에는 '(1-3)결합'이나 '(1-4)결합', '(1-6)결합' 등으로 불리는 여러 가지 결합 방식이 있는데, 이 숫자들은 포도당에 포함되어 있는 탄소원자에 붙여진 번호를 나타낸다.

이처럼 항암 효과가 뛰어난 베타글루칸이 많이 들어 있음에도 불구하고 꽃송이버섯은 그동안 워낙 귀해서 구하기가 어려웠고, 인공 재배 또한 뒤늦게 이루어졌다. 그러다 일본에서 가장 먼저 꽃송이버섯의 인공재배에 성공했으며, 1999년 3월 도쿄대 약과대학 면역학연구팀이 꽃송이버섯의 베타글루칸 효과를 발표하면서 세상에 널리 알려지게 되었다.

이들은 잔여생존기간이 3개월에서 6개월밖에 남지 않았다고 진단 받은 말기 암 환자 14명을 대상으로 꽃송이버섯의 베타글루칸(1-3) 추출물을 하루 3회 섭취하게 하고 8개월에서 10개월 동안 관찰했다. 그 결과 말기 암 환자들에게서 암의 진행이나 재발이 관찰되지 않았고, 항암제로서의 부작용도 나타나지 않았다. 그리고 3개월에서 6개월의 시한부 생명 기간을 넘겨 5년 이상 생존한 사람은 4명이었으며, 추정 생존기간보다 2배 이상 오래 산 사람은 5명이었다. 연구진은 또 실험용 쥐를 대상으로 암세포를 아랫배의 피하 지방에 주사하고 다시 이들 쥐에게 꽃송이버섯의 베타글루칸(1-3) 추출물을 주사한 결과, 모든 쥐에게서 항암 효과가 나타나는 것을 확인했다.

20년 넘게 베타글루칸을 연구한 세계적 연구기관인 도쿄대 약과대학 면역학연구팀의 이 연구 성과는 과학학술 전문지 네이처에 특집으로 게재되기도 했다.

꽃송이버섯의 항암 효과에 대한 임상시험 보고는 이외에도 많다. 역시 일본에서 대장암이 폐로 전이해 남은 수명이 6개월로 진단된 59세 여성에게 꽃송이버섯 추출물을 먹게 했더니 두 달 만에 종양이 없어지고 NK세포가 활성화되면서 결국 암이 사라졌다는 획기적인 보고도 있다.

국내에서도 꽃송이버섯의 항암 효과에 대한 연구가 활발하게 이뤄지고 있다. 국내 한 연구팀이 실험용 쥐에게 꽃송이버섯 베타글로

칸(1-3) 추출물의 주사 실험이 아닌 단순한 분말을 4주 동안 경구 투여한 결과, 종양 저지율이 75% 이상으로 나타나기도 했다.

실제로 꽃송이버섯을 분말화해서 현미 미강 등과 섞어 유산균으로 발효시킨 꽃송이버섯 발효현미 제품을 먹고 암을 비롯한 각종 면역성질환과 퇴행성질환에 큰 효과를 보는 사람들의 사례도 자주 목격할 수 있다.

2013년 산림청이 주관한 산림과학기술 분야 '올해의 논문상'에서 우수논문상을 수상한 전라남도 산림자원연구소 오득실 박사는 '꽃송이버섯은 대표적인 항암제인 파크리탁셀과 비교해 폐암은 5배, 간암은 2배에 달하는 항암 효과를 보이고 있다.'고 밝혔다.

그런가 하면 항암 효과가 뛰어난 버섯으로 잎새버섯도 있다. 생김새가 은행잎을 겹쳐 놓은 모습으로 꽃송이버섯과 비슷하게 생겼지만, 베타클루칸의 분자구조가 특이해서 베타글루칸(1-3) 성분과 베타글루칸(1-6) 성분이 함께 함유되어 있는 것이 특징이다.

전 세계 약용버섯 가운데 잎새버섯만이 유일하게 베타글루칸(1-6) 성분이 포함되어 있는 것으로 보고되고 있는데, 베타글루칸(1-6) 성분 역시 항암 효과가 뛰어나며 면역력 개선과 증진에 큰 효능이 있는 것으로 알려져 있다. 베타클루칸(1-6)을 통한 추출물을 섭취하게 되면 모든 면역세포를 동시에 활성화시키기 때문에 항암 효과와 면역력 증강 효과가 뛰어날 뿐 아니라 당뇨병 치료에도 도움이 된다는 것이다.

요즘 국내에서도 잎새버섯에 대한 관심이 높아지고 있는데, 일본에서 개발된 잎새버섯의 일본어 이름은 마이타케舞茸, 즉 '춤추는 버섯'이라는 뜻이다. 예전 봉건시대 일본에서 잎새버섯은 그 무게를 은으로 달아서 칠 정도로 귀한 대접을 받았다고 한다. 버섯 채집꾼들이 귀한 버섯을 발견하면 기뻐 어쩔 줄 모르며 춤을 춘 것에서 '춤추는 버섯'이라는 이름이 붙지 않았을까 싶다.

잎새버섯은 지난 수세기 동안 동양의학에서 귀한 약재로 사용돼 왔으며, 최근 들어 잎새버섯 추출물이 세계적인 건강보조식품으로 개발되어 팔리고 있다. 미국식품의약국FDA도 잎새버섯을 항암 보조제로써의 약리 효과를 인정했다. 현재 일본에서 가장 각광받고 있는 항암버섯으로 국내에서도 그 효능이 점차 알려지면서 대량 인공재배되고 있다.

버섯은 신이 숨겨 둔
마지막 히든카드

버섯에는 베타글루칸(1-3) 외에도 코디세핀Cordycepin, 항산화효소인 SOD^{Super Oxide Dismutase}, 그리고 동충하초에는 동충하초산인 D-마니톨D-mannitol 등 많은 유용물질이 들어 있다. 이 중 코디세핀은 면역력을 증강시키는 천연 항생물질로서 인간의 몸에 생긴 고형 암주, 종양에 대한 세포 독성이 뛰어난 항면역물질이다.

코디세핀은 핵산물질인 데옥시아데노신의 구조와 유사해서 세포의 유전자 정보에 관여하고 저하된 면역기능을 활성화함으로써 정상세포가 암세포로 변하는 것을 방지한다. 이처럼 코디세핀은 면역기능을 높여 암을 억제하고, 장내 유해균의 생육을 저해해서 장을 튼튼하게 만들어 준다.

SOD는 독성산소나 유해산소로 부르는 활성산소를 제거하는 항산화효소로서 우리 몸속에 필요 이상으로 생긴 활성산소를 제거하는 작용을 한다.

활성산소는 모든 동물과 식물의 체내에 존재하고 있다. 활성산소는 원래 우리 몸속에 세균이나 바이러스, 곰팡이, 니코틴 등의 이물질이 침입해 들어오면 식세포가 그것을 잡고 있는 사이에 세포막에서 뿜어져 나와 이물질을 녹여 없애는 중요한 물질이다.

고도의 산업화에 따른 환경오염으로 인해 우리 몸속에서는 활성산소가 시도 때도 없이 과다하게 생성되고 있고, 이것이 오히려 정상 세포까지 공격하고 있어서 문제가 되고 있다. 이렇게 과다 생성된 활성산소는 여러 가지 질병의 원인물질로 작용해 암을 비롯한 각종 성인병을 유발하기 때문에 독성산소, 유해산소로 불리고 있는 것이다. 버섯에 많이 들어 있는 SOD는 이 활성산소를 제거해 줌으로써 질병을 억제하고 정상적인 대사를 도와 우리 몸을 건강하게 만든다.

D-마니톨D-mannitol은 버섯 가운데서도 동충하초에 많이 들어 있는 유용물질로 동충하초산 또는 혈전용해 효소라고 부른다. 뇌혈관과 심근경색을 예방하고 두개골의 내압을 하강시켜 뇌수종과 눈의 내압을 경감시켜 주는 효과가 있다.

이외에도 버섯이 지니고 있는 고유의 약성과 면역력은 정말 대단하다. 버섯도감에 실린 버섯의 약리작용을 살펴보면, 거의 대부분의 버섯마다 항종양抗腫瘍 성분이 강하다고 표기하고 있다. 항종양 성분이 들어 있다는 것은 암을 이긴다는 것을 뜻한다.

각각의 버섯마다 그 고유 성분이 다르고 질병 치유 효과와 효능 역시 다양하며 약용으로 널리 알려지지 않았어도 뛰어난 약성을 지니고 있는 버섯이 많다. 어쩌면 버섯은 각종 암이 창궐할 현대에 대비해서 신이 자연 속에 숨겨 둔 마지막 히든카드라는 생각이 들 정도다. 이제 그 한 예로 표고버섯을 보자.

버섯에서 얻는
생체조절물질

표고버섯의 세포벽에 있는 헤미셀룰로오즈 성분을 효소로 반응시키면 생체조절물질인 AHCC^{Active Hexose Correlated Compound}가 생성된다. 이것은 활성화된 당 관련 화합물의 복합체로서 헤미셀룰로오즈 외에도 베타글루칸(1-3) 등이 반응해 만드는 물질이다.

셀룰로오즈Cellulose는 고등식물의 세포벽을 이루는 주성분이자 목질부의 대부분을 차지하는 다당류 섬유소이며, 헤미셀룰로오즈는 식물의 세포벽에 존재하는 셀룰로오즈 이외의 모든 다당류를 가리킨다.

표고버섯 균사체 추출물을 교배해서 배양한 후 효소를 반응시켜 만든 면역 활성물질이 바로 AHCC다. 1981년 일본에서 처음 발견했는데 만성간염과 당뇨병, 고혈압 개선에 효과가 있는 기능성식품으로서 많은 사람이 복용했다. 하지만 AHCC에 대한 본격적인 임상연구는 미국에서 시작했다. 말기 암 환자들에게 AHCC를 투여해 실험한 결과, 효과가 입증된 것이다.

생체리듬을 적절히 조절하기 위해 우리 몸은 항상성恒常性을 유지하는 것이 필요하다. 생체 기능의 밸런스가 맞지 않으면 우리 몸은 전체의 질서가 무너져서 면역력이 저하되는데, AHCC는 이를 위해 각 장기의 호르몬 분비를 적당하게 조절해 준다.

또 AHCC는 몸속에 침입하는 이물질이나 이상 등을 재빨리 감지해 면역세포나 내분비체계를 발동시킨다. 따라서 AHCC는 암을 비롯한 현대병을 예방하고 치료해 주며, 면역력을 높여 각 장기의 호르몬 분비를 조절해 주는 우리 몸의 생체응답 조절물질인 것이다.

AHCC 추출물을 먹고 질병에서 해방된 사례는 무수히 많다. 간암 말기를 선고 받고 AHCC 추출물을 섭취한 결과, 식욕이 생기면서 암에 걸린 줄 몰라볼 정도로 건강을 회복한 환자도 있고, 암을 유발하는 간경변의 수치가 크게 개선되면서 체중이 증가한 환자도 있다.

　보통 간암이 간경변과 동반된 경우에는 치료가 어려운 것으로 알려져 있다. 암과 간경변의 상태가 진전되면 복수가 심해지기 때문이다. 하지만 일본에서는 간암과 간병변이 동시에 온 다섯 명의 환자에게 AHCC를 섭취시킨 결과, 세 명은 복수가 현저하게 줄어들었으며, 두 명은 건강을 회복해 직장으로 복귀했다는 연구 결과가 있다.

　또 암이 폐에 전이되어 시한부를 선고 받았음에도 불구하고 AHCC를 섭취하고 나서 암이 사라졌다는 보고도 있다. 직장암과 난소암, 자궁암, 유방암, 방광암 환자들이 놀라울 정도로 회복되고, 항암제도 효과 없는 백혈병 역시 빠른 속도로 회복된 사례도 있다. 당뇨병과 간장병이 개선되어 대상포진의 고통에서 해방되는가 하면, 인슐린 의존성 당뇨병이 더 이상의 주사가 필요 없을 정도로 개선되기도 했다.

이처럼 버섯효소 추출물은 기적의 면역력으로 암을 비롯한 현대병 환자들에게 새로운 삶을 안겨주고 있다. 무엇보다 식욕이 좋아지고 기분이 전환되며 잠을 잘 자고 피로가 풀리는 등 삶의 질을 높이는 데 큰 기여를 하고 있는 것이다.

버섯효소는 암 이외에도 당뇨병이나 고혈압, 만성간염, 고지혈증, 동맥경화, 류머티즘, 심장질환, 골다공증 등의 성인병과 만성병에 효과를 발휘하고 있다. 현재 일본에서는 수많은 병원 등 의료기관에서 버섯균사체 효소인 AHCC를 치료제의 하나로 처방하고 있을 정도다. 그러나 가격이 비싼 편이어서 암과 투병하는 환자들에게 큰 부담이 되고 있다. AHCC도 좋지만 꽃송이버섯 제품이나 버섯균사체 발효액으로 만든 효소 제품도 그에 못지않은 효과가 있는 만큼 권장할 만하다.

몸의 면역력을 키워 주는
버섯효소 식품

각종 영양소가 풍부한 영양식을 먹는다고 해서 반드시 건강해지는 것이 아니다. 잘 먹고 잘 자는 것만이 건강해지는 것이 아니라는 이야기다. 무엇보다 몸의 면역력을 키워야 한다.

베타글루칸(1-3)과 코디세핀 같은 물질은 몸을 지키는 면역의 파수꾼인 백혈구와 T임파구, NK세포 등을 증식시켜 질병에 대한 대항력을 높여주고, 경우에 따라 암세포를 직접 공격하기도 한다.

몸의 면역력이 떨어질 때 침입하는 것이 바이러스다. 우리 몸속에는 무수한 종류의 세균이 살고 있다. 장내 유익균과 유해균에서부터 B형간염과 C형간염 바이러스, 자궁경부암 바이러스, 임질·매독 바이러스 등 무수히 많은 세균이 살고 있으며, 이 세균이 바로 바이러스다. 심장질환이나 뇌질환, 암도 기생충인 바이러스에 의해 온다는 설이 있다.

무좀 피부에 연고를 바르는 것은 국소적인 처치에 지나지 않는다. 혈액과 세포 속에 들어 있는 백선과 헤르페스, 수두 바이러스인 대상포진 등 무좀균을 잡지 않으면 안 된다. 이 모든 것이 면역력이 떨어질 때 생기는 것들이기 때문이다.

버섯이 지닌 면역성분은 몸속을 돌아다니는 이들 바이러스를 강력하게 억제하는 놀라운 힘이 있다.

면역력이 떨어지면 우리 몸속에는 각종 염증이 잘 생기게 된다. 만병의 근원인 염증의 대표적인 질환이 류머티스염과 관절염이다. 그런데 이 염증이 잇몸에 생기는 치은염齒齦炎에서부터 시작된다는 것을 아는 사람은 많지 않다. 이 뿌리에 생기는 치주염齒周炎과 이 근처 턱뼈에 생기는 염증인 치조골염齒槽骨炎도 마찬가지다.

치은염과 치주염, 치조골염이 유발한 염증인자는 피를 타고 온몸을 돌아다니며 염증을 일으키는데, 주로 관절 부위에 많이 몰려 류머티스관절염을 일으킨다. 뿐만 아니라 염증은 심할 경우 뇌경색과 심장마비를 일으키는 원인이 되기도 한다. 이 같은 사실은 현대의학에서도 이미 널리 알려져 있다.

치은염과 치주염, 치조골염 역시 면역력이 떨어져 생기는 질환이다. 따라서 버섯의 유용성분을 섭취하게 되면 면역력이 되살아나 염증은 물론 통증까지 사라지며, 이 같은 사례는 주위에서 쉽게 목격할 수 있다.

실제로 꽃송이버섯 현미효소 제품을 소개하는 인터넷 카페에는 버섯효소 제품을 먹고 고질적인 관절염에서 해방된 사람들의 자필 수기가 많이 소개되어 있다. 또 버섯균사체 효소 제품을 먹은 60대에서 80대 사이의 수많은 어르신이 하나같이 치은염과 치주염, 치조골염에서 해방돼 이가 튼튼해지고 관절 불편 때문에 짚고 다니던 지팡이를 버렸다는 이야기를 흔히 들을 수 있다.

현재 시판하고 있는 버섯효소 제품은 특정 식용버섯에 영양가가 높은 현미나 미강을 섞어 유산균 등으로 발효시키거나 유용 버섯균사체를 현미에 배양해 그 발효액으로 만든다.

그러나 일반 가정에서도 누구나 버섯을 배양해 버섯 고유의 약성을 섭취할 수 있는 손쉬운 방법이 있다. 그것이 바로 기적의 버섯으로 불리는 홍차버섯 발효액이다. 우리 몸의 면역력을 높이고 염증인자를 없애주는 버섯을 직접 배양 발효시켜 그 발효액을 음료처럼 마실 수 있다면 이보다 더 우리 몸을 건강하게 만드는 방법도 없을 것이다.

**발효버섯 현미효소의
효과를 보지 못하는 사람**

꽃송이버섯이나 잎새버섯 현미효소의 효과를 보지
못하는 사람은 현미와 꽃송이버섯 외에 특정 질병 치료에
도움이 되는 마늘이나 강황, 생강, 차조기, 옻 등을
버섯 대신 넣어 발효시키는 것도 좋다.

현미 자체가 기본적으로 따뜻한 성질을 지니고 있지만,
버섯은 음지에서 자라 음의 성질이 강한 식품이다.
따라서 몸이 냉한 체질은 꽃송이버섯이나 잎새버섯에
마늘 등을 넣는 방법으로 발효시켜 먹으면 좋다.

식품도 직접 햇볕을 많이 받아야 비타민 D가 형성된다.
따라서 원목에서 기른 표고버섯을 구해 햇볕에 직접
말린 후 가루를 내어 홍화씨와 함께 꽃송이버섯이나
잎새버섯 대신 사용하면 비타민 D가 칼슘의 흡수를 도와
관절염과 골다공증 등의 뼈 질환에 큰 도움이 된다.

또 현미도 쌀눈인 미강만 좋다고 생각하는 사람이
많은데, 섬유질이 적게 든 미강만 사용하기보다는
쌀눈도 있고 미강도 있는 현미가 섬유질이 많고
대장의 유익균이 자라는 데 훨씬 좋은 먹이가 된다.
따라서 값싼 미강보다는 현미를 곱게 갈아
버섯과 마늘 등의 식품을 함께 발효시키는 것이 좋다.

집에서 만들어 마시는 버섯차

기적의 버섯,
홍차버섯

홍차버섯 발효액은 현대그룹 고故 정주영 회장이 애용해 화제를 모았던 차로서 일명 '콤부차Combucha' 또는 '곰부차'로 부르기도 한다. 홍차버섯은 홍차로 많이 배양했기 때문에 붙여진 이름인데, '홍' 자에 버섯이 많이 쓰는 '이' 자를 붙여 홍이버섯이라고 부르기도 한다.

콤푸차의 유래를 설명하는 영문 홈페이지 자료에 의하면 조선의 '공부孔賦라는 한의학자가 홍차버섯을 일본에 소개하여 널리 전파하게 됐다.'라고 기술되어 있다고 한다. 그래서 일본인들은 그의 이름을 따서 홍차버섯 발효액을 콤부차나 곰부차로 불렀고, 결국 홍차버섯의 원조는 우리나라의 한의학자였다는 사실을 알 수 있다.

홍차버섯은 버섯도, 버섯이 아니라고도 할 수 없는 독특한 생물이다. 박테리아와 효모, 야생버섯의 균사체가 뭉쳐져 오랜 세월 동안 계대 배양된 유기산 생균 결집체라고 할 수 있다.

홍차버섯의 발상지는 중국으로서 러시아의 바이칼 호수 주변으로 전해졌다가 그 후 여러 경로를 통해 우리나라를 거쳐 일본으로도 전파된 것으로 알려져 있다. 바이칼 호수 주변에는 예로부터 장수하는 사람이 많다는 것은 세계적으로 유명하다. 이곳에 살고 있는 사람들은 오래전부터 홍차버섯 발효액을 보건 음료로 애용해 왔고, 그래서 이 지역에는 고혈압이나 심장병, 암 환자를 찾아볼 수 없다고 한다.

이곳뿐만 아니라 홍차버섯 발효액과 비슷한 성분의 음료는 북유럽 등의 장수촌에서도 찾아볼 수 있다. 이 때문에 이들이 즐겨 마신 홍차버섯 발효액은 불로장수의 음료로 온 세계의 이목을 집중시키면서 세계 각국으로 널리 퍼져 애용되기 시작한 것이다.

홍차버섯은 세계 각 지역마다 명칭이 다르다. 호주에서는 홍차버섯의 효능이 놀라울 만큼 뛰어나다는 뜻에서 '미라클 머슈롬', 즉 기적의 버섯이라고 부를 정도이다. 홍차버섯은 한때 미국과 유럽, 호주 등지에서 크게 유행했으며 우리나라도 예외는 아니었다. 미국 가수 마돈나도 홍차버섯 발효액을 즐겨 마신 것으로 알려져 있다.

특히 지난 1970년대 일본은 홍차버섯의 열풍이 전국을 휩쓸어 각 가정의 주방마다 홍차버섯을 키우는 병들이 즐비하게 늘어져 있을 정도였다. 일본 사또대학의 사카모토 마사요시 교수는 일찍이 그의 논문에서 홍차버섯이 초산균과 유산균, 효모 등 몇 종류의 균이 효율적으로 작용하는 아주 뛰어난 건강음료라고 기술하고 있다.

홍차버섯은 우리나라에도 지난 1970년대 중반에 상륙해 크게 유행했다. 1975년 10월 국내 신문들은 알쏭달쏭한 약효를 지닌 홍차버섯이 일본을 거쳐 한국으로 들어와 붐을 일으키고 있다면서 '입맛이 나고 불면증을 치료'한다며 만병통치약인 것처럼 선전하고 비싸게 팔아 당국이 일제 단속에 나섰다고 전하고 있다. 또 1992년에는 전국 각 가정에 급속도로 번지고 있는 홍차버섯이 신비의 명약인지, 평범한 식품인지를 놓고 말이 많으며, 당국이 약효와 안전성 검사에 착수했다고 보도하고 있다.

그러나 식초의 효능과 비슷하고 약효가 의학적으로 규명되지 않았다는 검사 결과가 발표되자 홍차버섯의 인기는 이내 시들해지고 말았다. 대체로 건강식품은 유행을 타기 때문에 아무리 좋은 건강식품이라고 할지라도 그 인기의 기복이 심해서 어느 한순간 사람들의 기억에서 멀어져 가는 경우가 많다.

그렇다면 홍차버섯의 인기는 과연 거품이었을까. 그렇지 않다. 우리 몸에 좋은 건강식품의 진가는 세월이 흘러도 변하지 않는 법이다. 이 때문에 국내에서는 아직도 여전히 홍차버섯 발효액을 만들어 먹으며 효과를 보고 있는 사람이 많다.

홍차버섯의
놀라운 효과

홍차버섯 유기산생균 균사체는 홍차를 비롯해 여러 가지 차茶에서 잘 자라기 때문에 다균茶菌 또는 '차 해파리'로 부르고 있다.

실제로 홍차버섯은 홍차뿐만 아니라 녹차나 보이차, 과일차, 허브차, 블루베리차 등 기타 각종 차로도 얼마든지 배양이 가능하다. 호주에서는 파파야 등의 열대과일차로 홍차버섯을 배양해서 마시기도 하는데, 신맛이 별로 없고 고급 샴페인을 마시는 것처럼 아주 고상하고 우아한 맛이 나서 인기를 끌기도 했다.

홍차버섯 발효액은 암을 억제하고 콜레스테롤 수치와 혈압을 낮추며 숙취를 예방하는 등 그 효능이 헤아릴 수 없이 많다. 암 선고를 받고 수술을 했지만 홍차버섯을 마신 덕분에 암 자체가 사라졌다는 체험담도 전해진다. 또 방사선 치료 등 항암 치료를 받고 있는 사람이 홍차버섯 발효액을 마시자 통증이 감소되어 편안해졌다는 사례도 있다.

홍차버섯 발효액은 기본적으로 버섯에 들어 있는 베타글루칸 등으로 인해 항암 효과가 뛰어나며, 간세포를 재생하기 때문에 소화력을 높여 피로 회복과 당뇨, 골다공증, 간, 위, 비만 등에 효과가 있는 것으로 알려져 있다.

홍차버섯 발효액을 마시고 새로 머리카락이 나거나 신장결석, 알레르기가 치유됐다는 사례도 있다. 류머티스와 신경통, 통풍, 변비 등에도 좋은 효과가 나타나는 것으로도 알려져 있다.

또한 홍차버섯 발효액을 마시면 소변에서 나쁜 냄새가 사라지고 대소변의 배변이 원활하게 만드는 등 몸속을 깨끗하게 정화시켜 준다. 비만에도 효과가 있어서 홍차버섯 발효액을 계속 마시면 살찐 사람은 자연스럽게 마르고, 지나치게 마른 사람은 체중이 늘어나게 돼서 양쪽 모두가 적정 체중에 가까워지게 된다고 한다.

이외에도 허리 통증으로 휠체어를 타고 다니는 고령의 여성이 홍차버섯을 펼쳐서 허리에 붙였더니 허리의 통증이 단숨에 사라져 보행이 가능해졌고, 무릎에 붙이자 무릎 통증이 사라졌다는 사례도 있다. 요통과 신경통, 통풍, 류머티즈가 호전됐다는 사례 역시 무수히 많다.

홍차버섯 발효액에는 항균작용이나 몸 안의 수분 처리를 원활히 해주는 이수작용利水作用 효과가 있어 기침과 가래를 진정시키고 천식과 담의 개선에 효과를 봤다는 사람도 많다. 고혈압과 심장병에도 탁월한 개선 효과가 있어서 혈압도 거의 정상치로 내려가고, 심장수술을 해야 한다는 의사의 권고를 받은 사람이 홍차버섯 발효액을 마시기 시작하면서 상태가 좋아져 수술이 필요 없게 된 놀라운 경우도 있다.

당뇨병과 전립선비대증을 개선하는 효과도 있다니 어디까지 믿어야 좋을지 모를 정도다. 심지어 홍차버섯 발효액으로 머리를 감으면 백발이 검은색으로 변하고 욕조 물에 홍차버섯을 한 잔 타서 몸을 담그면 피부가 윤이 나고 매끄러워진다고 한다.

이 같은 효과 때문에 홍차버섯은 '신비의 영약', 또는 '마법의 생명수'로 불리며 전 세계적으로 마니아들이 크게 늘어난 것이다.

사람들은 처음에 녹차를 발효시켜 만든 홍차를 끓인 물에 설탕을 녹여 홍차버섯을 배양했다. 그러나 설탕의 폐해가 알려지자 적정 온도를 잘 유지하면 설탕 대신 천연벌꿀로도 배양이 가능하다는 것을 알게 되면서 벌꿀을 사용해 홍차버섯을 배양하는 사람도 늘어났다. 설탕 대신 올리고당을 이용하면 더욱 좋다.

홍차버섯을 배양하는 데 차 종류뿐만 아니라 옻나무와 벌나무, 개똥쑥 등을 다려서 그 물에 홍차버섯종균을 넣고 배양해 보면 홍차버섯이 쑥쑥 자라는 것을 알 수 있다. 즉 버섯의 유용 성분과 함께 약용식물의 유용 성분도 함께 마실 수 있는 방법이 있다는 것이다.

암 환자에게 좋은
개똥쑥 버섯차

신이 인간을 위해 각종 산야초 속에 약을 숨겨 두었고, 그래서 약성이 뛰어난 산야초로 만들어 먹는 산야초 발효액이야말로 최고의 식품이다. 이런 산야초를 달인 물에 홍차버섯을 배양시켜 버섯의 유용 성분을 함께 섭취하는 것도 어쩌면 그 이상의 좋은 방법이 될 것이다.

약성이 있는 식물, 산야초라고 해서 아무거나 닥치는 대로 발효시키거나 달여서 홍차버섯을 배양해 마시면 안 된다. 지나친 것은 독이 될 수 있으며 간독성을 유발하는 등 오히려 부작용을 일으키는 경우가 있다.

항암제로 각광받고 있는 개똥쑥을 보자. 미국 워싱턴 대학 연구팀이 암세포를 죽이는 능력이 기존 항암제보다 1200배 강한 약초인 개똥쑥을 발견했다고 언론이 보도하면서부터 개똥쑥을 찾는 사람이 늘고 있다. 실제로 연구팀은 암세포를 선택적으로 공격하도록 개똥쑥의 유용물질을 처리해 백혈병 세포에 투여했더니 마치 폭탄을 투하한 것처럼 암세포를 죽이는 것으로 나타났다고 밝혔다.

또한 워싱턴 대학 연구팀은 개똥쑥을 전립선암과 유방암 치료에도 쓰일 수 있을지 연구를 진행 중이라고 했는데, 이때부터 개똥쑥을 찾는 사람들이 늘어난 것이다. 그러나 연구팀은 개똥쑥의 항암 성분을 효소 반응시켜 추출한 것이기 때문에 아무렇게나 개똥쑥을 먹는다고 해서 효과가 있다고 말하기는 힘들다고 밝혔다.

쑥에는 많은 종류가 있지만 개똥쑥은 매우 독특하다. 대부분의 쑥은 씨앗인 포자와 뿌리로 번식하는데, 개똥쑥은 뿌리로 번식이 되지 않고 오로지 포자로만 번식한다. 그래서 처음에는 구하기가 힘들었지만 지금은 대량으로 재배되고 있다.

예로부터 개똥쑥은 잔잎쑥 혹은 개땅쑥으로도 불려왔는데, 그 효능은 옛 의서에도 많이 나와 있고, 중국에서는 2천년 이상 생약으로 사용돼 온 신비의 약초다.

개똥쑥은 열을 내리고 풍을 제거하며 가려움증을 멈추게 하고, 여름철 더위를 먹었을 때, 고혈압과 소아경풍, 열로 인한 설사, 악창 개선惡瘡疥癬을 치료하는 효과가 있는 것으로 알려져 있다. 특히 현대의학에서 개똥쑥의 플라보노이드 성분은 말라리아인 학질 치료제 아테미신을 제조하는 데 쓰이고 있을 정도다.

이처럼 개똥쑥은 약성이 강하기 때문에 식약처에서는 애초부터 개똥쑥을 약용으로 분류해 식용으로 사용할 수 없게 했다. 그러나 개똥쑥에 대한 일반인들의 관심이 높아지자 식약처는 2013년부터 개똥쑥을 식용으로 허용했지만, 이것도 어린잎만 식용으로 사용하도록 하고 건강식품상의 표기도 '개똥쑥어린잎'으로만 표기하게 하고 있다.

다 자란 개똥쑥은 성질이 찬 데다 간 독성을 유발한다. 그래서 10cm 이하의 어린잎만 식용으로 하고 있는데 이것이 잘 지켜지고 있는지 알 길이 없다.

암세포에 강한 물질은 면역세포인 백혈구에도 강하다. 개똥쑥이 좋다고 해서 많이 달여 마시고 발효시켜 먹은 사람이 병원에 가서 검사를 해보면 백혈구 수치가 떨어져 있는 것을 알 수 있다. 백혈구 수치가 떨어진다는 것은 그만큼 면역력이 떨어졌다는 것을 의미한다. 무턱대고 먹어서는 안 된다는 것이며, 식약처가 약성이 약한 어린잎만 식용으로 허용한 것도 여기에 그 뜻이 있지 않나 싶다.

따라서 다 자란 개똥쑥이나 개똥쑥진액을 먹기보다 어린잎을 구해 발효시키거나 달여서 홍차버섯을 배양해 그 발효액을 마시는 것이 바람직하다. 개똥쑥을 홍차버섯으로 발효 배양시킨 것이 바로 개똥쑥 버섯차다.

옻나무 버섯차와
벌나무 버섯차

홍차버섯을 배양하기 좋은 또 다른 약용식물로 옻나무가 있다. 우리 나라는 2,200년 전부터 종양 치료에 옻나무를 사용한 것으로 알려져 있다. 조선시대 세종 때 간행된 의약서나 중국 명나라 때의 한의학 서적, 허준이 쓴 동의보감에도 옻나무가 '어혈을 풀고 종양을 치료하는 약재'로 기록되어 있다. 즉 어혈이 오래되면 종양이 생기는데, 옻나무가 오래된 어혈을 녹이고 피를 맑게 하며 오랫동안 먹으면 늙지 않는다고 13종에 걸친 한의서마다 모두 옻나무의 효능이 빠짐없이 소개되어 있을 정도다.

옻나무는 예로부터 냉한 몸을 덥게 해주기 때문에 손발이 차고 냉증을 호소하는 사람들에게 효과가 있는 것으로 알려져 있다. 냉증은 만병의 원인이 되기도 한다. 냉증과 질병의 발병, 온도와 자연계의 생명활동은 매우 밀접한 관계가 있다. 기온의 변화에 따라 생태 환경이 달라지는데 바닷속 물고기들은 수온이 0.1℃만 달라져도 어족 자체가 바뀌지기도 한다.

예전에 출산을 하고 나서 산후조리를 제대로 하지 못해 수족냉증에 시달리는 어머니들은 옻나무를 잘라다가 옻을 내서 먹었고, 산속에 자생하는 옻나무는 귀한 약재의 하나로 꼽히기도 했다.

하지만 옻나무를 질병의 치료에 이용하기가 쉽지 않다. 그 이유는 옻나무의 강한 독성 때문이다. 옻나무를 잘못 먹으면 온몸에 옻독이 올라 며칠씩 고생하고, 옻나무에 스치기만 해도 옻독이 오르는 사람도 많다. 마음먹고 몸에 좋다는 옻닭이라도 한번 먹으려면 미리 옻이 오르지 않는 알약을 먹어야 할 정도다.

그렇다면 옻나무는 어떻게 먹는 것이 안전할까. 옻나무는 달여서 먹는 방법이 가장 편리하고 좋다. 독성을 없애기 위해서는 최소한 8시간 이상 물에 펄펄 끓여야 한다. 24시간 이상 끓이면 더욱 안전하다. 이렇게 끓여서 달인 물에 홍차버섯을 넣고 배양해 홍차버섯 발효액으로 만들어 마시면 옻나무의 약성과 버섯의 유용 성분을 함께 섭취할 수 있어서 좋다.

한편, 홍차버섯을 배양하기 좋은 약용식물로 벌나무도 있다. 나뭇가지가 벌집 모양으로 생겼다고 해서 벌나무라는 이름이 붙여졌으며 산청목이라고 부르기도 한다. 해발 600m 이상 고지대의 습기 찬 골짜기나 계곡에 자라는 벌나무는 키가 10m에서 15m로 크며 비교적 잎이 넓다. 어린 줄기는 연해서 잘 부러지고, 껍질은 두꺼우면서도 가볍다. 연한 황록색 꽃이 피고 열매도 맺는다.

벌나무는 잎과 가지, 줄기, 뿌리 등을 달여 마시는데 간암과 간경화증, 간염, 백혈병 등에 효과가 있는 것으로 알려져 있다. 하지만 벌나무가 몸에 좋다는 소문이 퍼지면서 지금은 구하기가 쉽지 않다. 벌나무도 달여서 홍차버섯을 배양해 발효액을 마시면 좋다.

엄나무 버섯차와
황칠나무 버섯차

약용식물 가운데 밭에서 대량 재배가 가능해 구하기 쉬운 것으로 엄나무가 있다. 한방에서는 엄나무 껍질을 약재로 이용하고 있는데, 껍질에는 뾰쪽하고 날카로운 가시들이 빽빽하게 나 있다. 이 무섭게 생긴 가시를 귀신이 가장 두려워한다고 해서 우리 조상들은 엄나무를 집안에 심거나 대문과 방문 위에 걸어두면 못된 귀신과 나쁜 질병이 집안으로 들어오지 못한다고 믿었다.

음양오행설에서 귀신은 음기를 상징한다. 귀신은 어둡고 축축하며 차갑고 썩은 것을 좋아한다고 여겼다. 사람의 몸도 음습하고 더러운 기운이 들면 온갖 질병에 걸리기 쉽다. 오장육부의 근육과 뼈와 혈액의 많은 질병이 차갑고 축축하며 더러운 것과 접촉했을 때 생긴다고 믿었다. 그런데 엄나무의 무섭게 생긴 가시는 양기의 상징이다. 양기는 음기를 몰아내고 막아주기 때문에 엄나무의 가시가 사람과 건강을 지켜준다고 믿었다.

한의학에서도 가시가 있는 식물은 음기가 강해 생긴 병, 즉 바람이나 습기로 인해 생긴 병을 몰아낼 수 있는 것으로 본다. 그래서 관절염과 신경통을 비롯해 각종 염증과 피부병 등에 가시 달린 식물이 효과가 있다고 하는 것이다. 실제로 엄나무를 대량으로 재배하면서 날마다 달여 먹은 사람이 난치병에서 해방되었다는 사례가 종종 TV에서 소개되기도 한다.

엄나무는 혈액순환을 촉진시키고 통증을 완화시키는 진통 효과가 있고, 당뇨와 우울증을 개선해 주는 것으로 알려져 있다. 엄나무는 인공재배가 가능하며 구하기도 쉽기 때문에 잎과 껍질, 줄기를 푹 달여서 홍차버섯을 배양해 그 발효액을 마시면 더욱 좋다.

요즘 관심을 끌고 있는 황칠나무도 홍차버섯 발효액으로 만들어 마시면 좋다. 아열대성 식물인 황칠나무는 두릅나무과의 다년생 상록 활엽수로서 제주도와 완도, 보길도, 어청도, 진도, 홍도, 거문도와 보령의 연열도 등 주로 남부지방 섬이나 해안지대에서 자생하고 있는데, 전 세계에서 유일하게 우리나라에서만 자라는 고유 수종이다.

황칠은 황칠나무에서 나는 황금색 칠로서 중국 송나라와 요나라, 금나라, 원나라와 교역했던 우리나라의 특산품으로 예로부터 고급 액세서리나 그릇, 장군의 갑옷 등에 칠하는 최상품의 도료였다.

해마다 6월에 채취하는 황칠나무 수액은 색깔이 황금과 같고, 이 것을 햇볕에 건조시킨 것이 바로 황칠이다. 황칠은 원래 백제에서 생산되었지만 송나라 사람들은 신라칠이라 불렀고 원나라에서도 고려와 황칠을 교역했다는 기록이 있다. 황칠은 이후 조선시대까지 이어지다가 명맥이 끊겼는데 최근 그 기법을 다시 복원했다.

건강식품의 재료로써 황칠나무 성분과 효능에 대한 연구가 활발하게 이루어지고 있다. 황칠나무의 학명은 덴드로파낙스 모르비페라 Dendropanax Morbifera인데, 이는 그리스어로 '만병통치 나무', '만병통치의 나무인삼'이라는 뜻을 지니고 있다. 그만큼 황칠나무에는 약리작용을 하는 유용 성분이 많다는 것을 의미한다. 실제로 황칠나무에는 항당뇨 성분과 항산화 성분, 알코올로 인한 간 손상 억제 효과, 혈중 콜레스테롤 개선 효과, 면역력 증진 효과, 피로 회복, 월경불순 제거, 아토피 개선, 피부미백 효과 성분 등이 있다는 다양한 연구 논문이 발표되고 있다.

다 자란 황칠나무에서 채취할 수 있는 황칠의 양은 극히 소량이어서 귀했으나 황칠나무의 우수성이 널리 알려지면서 지자체들의 지원으로 황칠나무를 대량 재배하는 곳이 계속 늘어나고 있다.

황칠나무도 잎과 줄기를 달여서 홍차버섯 발효액으로 만들어 마시면 황칠나무와 버섯의 유용 성분을 함께 발효 섭취할 수 있는 이점이 있다. 오메가3가 많이 함유되어 있기 때문에 잘라서 더운 곳에 두면 얼마 되지 않아 산폐가 되기 때문에 차로 끓여 먹을 경우에는 냉장고에 보관해야 한다.

오가피나무는 가지를 잘라놓으면 약의 성분이 빨리 휘발되어 날아가는 성질이 있다. 따라서 이 두 한약재를 배즙으로 효소를 담그는 경우에는 일단 가지를 자른 뒤 빠른 시간 내에 효소를 담가야 한다.

알아 두면
쓸모 있는
발효 상식

각종 질병을 고치는 맛(동의보감)

신맛 – 간   쓴맛 – 심장   단맛 – 비장
매운맛 – 폐   짠맛 – 신장

위와 같은 각각의 맛은 각종 장기의 이상에서 오는
질병을 고치는 맛으로 이것이 적당하면 병을 고치지만
지나치면 병을 키우게 된다.

예를 들어 감기는 폐가 약해 오는데 매운맛인
고춧가루를 적당히 푼 국을 먹으면 땀이 나면서
좋아지지만 너무 매우면 기침이 계속 나게 된다.
적당하면 병을 고치고 과하면 병을 키우는 것이다.
짠맛도 한의사들이 신장에 대한 약을 쓸 때
약이 신장에 잘 들어가게 하기 위해 약재에
조금씩 쓰는 맛이다. 실제로 이를 위해
죽염을 신장 고치는 한약에 처방하기도 한다.

그러나 항상 절대라는 것은 없기 때문에 음양과
허실에 따라 사람에 맞게 쓸 때 약이 된다.
즉 사람의 증상에 따라 치료 방법이 달라져야 한다.

쇠도 녹슬지 않게 하는
버섯차의 놀라운 항산화력

앞에서 소개한 약초 외에도 간의 독을 푸는 데 좋고 황달에도 효과가 있는 인진쑥이나 간 기능을 활성화시켜 해독력을 높여주고 숙취 해소를 돕는 헛개나무 열매, 구기자와 칡 등이 있다. 이 약초들도 그냥 단순히 달여 마시기보다 홍차버섯을 배양한 홍차버섯 발효액으로 만들어 마시면 좋다는 것은 두말할 나위가 없다. 다른 약초들도 이렇게만 한다면 약용식물이나 산야초가 지니고 있는 고유의 약성에 버섯의 면역 성분이 합쳐져 몸을 건강하게 만드는 최고의 음료가 된다.

그렇다면 실제로 홍차버섯 발효액의 항산화력과 pH는 어느 정도일까. 홍차로 만든 홍차버섯 발효액의 항산화력 수치와 pH값을 직접 측정해 보면, 항산화력 수치는 EM 발효액과 마찬가지로 +의 값으로 나타난다. 홍차버섯 발효액 역시 쇠를 녹슬지 않게 하는 강력한 항산화력을 갖고 있는 것이다. 또한 pH값은 2.8로 EM 발효액의 3.2와 비교해 큰 차이가 없는 것으로 나타나 홍차버섯 발효액도 항균력이 뛰어난 것을 알 수 있다. 따라서 홍차버섯 발효액만 열심히 마셔도 몸의 노화를 예방하고, 버섯 특유의 면역 성분이 더해져 건강하게 살아갈 수 있다는 것을 확인할 수 있다.

발효와 건강에 관심이 많은 사람이라면 누구든지 손쉽게 시도할 수 있겠지만 단번에 원하는 만큼의 결과를 얻지 못할 수도 있다. 그러나 몇 번 시도하면서 노하우가 쌓이다 보면 어느새 발효 전문가가 되어 있을 것이다.

산야초 발효액을 만드는 사람들에게 산야초를 먼저 잘 분쇄해서 올리고당 10%로 급속히 발효시킨 다음 숙성시킨 발효액을 위와 같이 다시 EM이나 홍차버섯으로 발효시켜 음용하는 방법을 권하고 싶다. 그렇게만 한다면 지나치게 설탕이 많이 들어가고 발효가 안 되었다는 문제가 해결되고, 면역력과 항산화력이 강한 산야초 발효액이 만들어진다.

이 제조 방법이 널리 보급된다면 신이 주신 약재인 각종 산야초를 보다 유용하게 활용할 수 있을 것이며, 더불어 우리나라 국민들의 건강지수도 훨씬 높아질 것이라고 확신한다.

티벳버섯 배양과
버섯의 다양한 활용

홍차버섯과 비슷한 원리로 유산균 음료를 배양하는 티벳버섯도 요즘 젊은 층에게 인기다. 티벳버섯도 홍차버섯처럼 박테리아와 효모, 야생버섯의 포자가 우유나 요구르트 등에 균주를 뿌리 내린 유기산생균 결집체로 계대배양 과정을 거쳐 생성된다. 따라서 버섯이라고 하기에는 정체성이 모호하며, 티벳버섯이라는 말 또한 홍차버섯처럼 애칭이다. 또 균사체 덩어리가 하얀 구름처럼 피어나기 때문에 '하얀버섯'으로 불리기도 한다.

티벳버섯의 근원으로 거슬러 올라가보면 아시아의 서북부, 흑해와 카스피해 사이에 있는 카프카스의 산악지대에서 마시는 '캐피어 Kefir'라는 우유를 발효시킨 발포성 음료를 들 수 있다. 이 카프카스의 영어명은 코카서스Caucasus로 아제르바이잔과 아르메니아, 그루지야 등의 국가가 있으며 남쪽으로는 터키, 이란과 접하고 있는 지역이다.

이곳에서는 우유에 젖당인 락토오스Lactose를 발효시키는 효모와 젖산균이 함유된 케피어 씨를 넣으면 알코올과 이산화탄소 등이 발생하면서 특유한 향미를 내는 음료가 만들어진다. 캐피어는 우유와 염소젖, 양젖 등으로 만들고, 말젖으로 만든 음료는 알코올 성분이 강한데, 동유럽과 남미 칠레 등에도 비슷한 유형의 음료가 있다.

티벳버섯은 이런 유산균 음료에 적응해 오랫동안 계대배양된 유기산 생균 버섯균사체다. 티벳버섯의 종균은 우유를 주면 이를 먹이로 효모와 유산균이 균사체에 결집하고 우유 상단 표면에 떠올라 산소를 마시며 균사체 덩어리를 부풀리면서 버섯 형태로 자라난다. 이 균사체 덩어리는 자라면서 젤라틴 형태로 점질을 형성하고, 우유는 겔 형태로 요구르트처럼 발효가 된다. 이것이 티벳버섯 발효액이다. 홍차버섯차와 함께 티벳버섯차를 함께 배양해 먹으면 좋은데 그 이유는 음식궁합 때문이다.

티벳버섯은 밥 수저로 두 수저 정도만 분양받아 우유 200㎖에 넣어 두면 24시간이 지나 우유가 발효되기 시작한다. 이렇게 발효된 우유는 우유 분해효소인 락타아제가 없는 우리 한국인들도 우유의 영양소를 잘 흡수할 수 있는 상태로 변하게 된다. 특히 유당이 분해된 상태인 글루코오스나 갈라토오스 같은 탄수화물도 50%나 생성되기 때문에 모든 영양소를 골고루 섭취할 수 있는 상태가 되는 것이다.

평소 우유와 홍차버섯차를 함께 먹으면, 홍차버섯차의 신맛이 우유의 단백질을 두부처럼 덩어리지게 만들어 흡수를 방해한다. 하지만 티벳버섯은 젖산과 효모가 들어 있어서 우유 단백질을 분해시키고, 우유의 칼슘도 분자를 작게 쪼개 놓기 때문에 인체 내의 흡수가 매우 용이하게 된다. 그래서 우유를 마시면 설사를 하는 사람도 티벳버섯으로 발효시켜 마시면 소화가 잘 되고 설사도 하지 않는다. 이때 신맛이 나는 홍차버섯차를 함께 마시면 잘 분해된 우유의 모든 영양소를 잘 흡수되게 되는 장점이 있다.

보통 다이어트를 하면서 음식을 적게 먹으면 변비가 오는 경우가 많은데, 절식 중에 티벳버섯차를 먹게 되면 변비 걱정 없이 다이어트를 할 수 있다. 그 이유는 모든 좋은 유익균을 통칭하는 프로바이오틱스가 티벳버섯차에 풍부하기 때문이다. 실제로 티벳버섯 1㎖에는 약 5만 마리의 락토바실러스균이 있는 것으로 알려져 있다.

버섯은 건강에 유익하고 실생활에서 유용하게 사용될 수 있는 식품 재료이다. 실제로 요즘은 상황버섯쌀이나 동충하초쌀, 홍버섯쌀, 영지버섯쌀, 아가리쿠스 등 버섯종균을 쌀에 배양한 다양한 기능성 쌀도 선보이고 있다. 따라서 산야초 발효액 등 기존의 발효 음료나 기타 건강식품에 버섯의 약성을 접목하는 것도 매우 바람직하다.

**발효를 시킬 때
가장 중요한 것은 온도**

발효를 시킬 때 온도는 너무 낮아도 안 되고 너무 높아도
안 된다. 보통 사람의 체온 정도에서 발효를 하는데, 온도가
낮을 경우 발효 기간이 무척 길어지게 된다.

대체로 1차 발효는 35℃ 정도에서 빠르게 이루어지며,
이보다 온도가 더 높을 경우 일주일 정도면 가장 왕성하게
발효되기 시작한다.

발효를 시키는 도중 설탕막으로 덮은 올리고당을 미생물들이
모두 먹이로 사용해 먹거나 녹아버렸을 경우에는 다시
올리고당으로 설탕막을 만들어 먹이도 공급하고 잡균의
침투도 막도록 한다.

만약 올리고당 대신 설탕을 사용하더라도 같은 방법으로
발효를 시키면 설탕의 사용량을 크게 줄이면서 발효 효율을
높일 수 있다.

미생물은 10% 이상의 당도가 주어지고 잡균의 침입이 없는
상태에서는 그 대상을 활발하게 발효시킨다. 특히 처음부터
설탕을 많이 넣으면 브릭스가 높고 설탕의 방부작용 때문에
미생물이 활동을 못 한다.

따라서 처음부터 설탕을 한꺼번에 많이 넣어주기보다
조금씩 넣으면서 미생물이 계속 활발하게 활동할 수 있도록
도와줘야 한다.

나머지 설탕은 미생물이 다 먹어치우거나 설탕막이 녹으면
계속 조금씩 나누어서 덮어주어 잡균이 침투하는 것을 막는다.
이렇게 하면 브릭스가 낮기 때문에 발효도 잘 되고 부패하지도
않게 된다.

어느 정도 시간이 흘러 1차 발효가 끝나면 건더기를 건져내고
그 발효액을 숙성시키면서 2차 발효를 시켜야 한다. 2차 발효를
시작해야 하는 시기는 발효 환경에 따라 다르기 때문에 그 기간을
딱 꼬집어 말할 수는 없으나 누구나 관심만 기울이면 알 수 있다.
항아리나 유리병에서 발효가 되는 소리가 잠잠해져 조용해지는
시기가 바로 2차 발효를 시작해야 하는 때이기 때문이다.
2차 발효의 온도는 15℃ 정도가 가장 적정하며 10~12℃ 정도
유지되는 저온창고나 땅속, 동굴도 최적의 2차 발효 장소가
될 수 있다.
    2차 발효는 1년 동안 계속하기도 하는데, 이때는 산소가
최소한으로 공급하는 상태에서 발효시키는 것이 좋다.

아파트의 경우 김치냉장고에 넣어 두고 2차 발효를 시키기도
하는데 얼지 않는 온도를 유지하도록 해야 한다. 그리고
아주 최소한의 산소를 공급해야 풍미 있고 깊은 맛을 내는
발효액이 된다.
    따라서 평소에는 늘 뚜껑을 닫아 놓되 일주일에 한 번 정도
뚜껑을 살짝 열었다가 다시 닫아 놓는 방법으로 소량의 산소를
공급해 준다. 이런 방법으로 계속 숙성시키면 최소한의
산소 공급을 통해 2차 발효를 시킬 수 있게 된다.

CHAPTER 6

효소야!
먹자

가정에서 발효액과 효소를 만들어 보자.

가정에서 효소 만들기

올리고당을 이용한
액상 발효액 만들기

과연 올리고당으로 과일 효소나 산야초 효소를 담글 수 있을까. 혹시 실패하지는 않을까. 이런 걱정이 생긴다면 먼저 올리고당으로 쑥효소를 담가보자.

쑥이 우리 몸에 매우 좋은 약성 식품이라는 것은 새삼 강조할 필요가 없다. 쑥은 우리 주위에 가장 흔하게 자라면서도 성인병을 예방하는 3대 식물 중 하나로 알려져 있다. 가장 흔한 것이 가장 귀한 것이라는 말은 쑥에 해당하는 것이다.

쑥의 생명력은 엄청나다. 한번 뿌리를 내리면 죽지 않고 대대손손 자신의 명성을 이어가는 잡초 중의 잡초가 쑥이다. 2차 세계대전 때 원폭이 투하된 히로시마 땅에서도 가장 먼저 돋아난 식물이 쑥이었다는 말도 있다.

7월 전후에 채취한 약쑥은 잘 말린 후 통풍이 잘 되는 곳에 보관하면서 수시로 달여 마시면 진통제나 강장제, 혈액순환제, 지사제의 효과가 있으며, 기관지와 천식, 폐결핵, 폐렴, 감기 등의 증상을 완화시키는 효능도 있다. 또 만성위장병에는 쑥으로 만든 조청을 먹고, 월경불순이나 월경통, 냉증에는 생즙을 짜서 마시거나 차로 달여 꾸준히 마시면 효과가 있다.

뿐만 아니라 쑥은 쑥뜸의 재료로서 열로써 몸속의 병균을 쫓아내고 혈액순환을 도우며 암도 몰아내는 힘을 지니고 있다. 농가에서도 쑥으로 효소를 담가 어린잎에 영양제로 사용하거나 병아리와 어린 돼지들에게도 면역력을 높이기 위해 먹이기도 한다. 그러니 일반 가정에서도 쑥효소를 담가놓고 먹으면 몸에 좋은 것은 말할 나위가 없을 것이다.

1. 먼저 오염되지 않은 곳에서 잘 자란 쑥을 구해 깨끗이 씻어 그늘에서 물기를 말린다. 물기를 잘 말리는 것은 잡균이 달라붙어 들어오는 것을 막기 위한 것으로 과일이나 산야초도 마찬가지로 그늘에서 물기를 잘 말리는 것이 중요하다.

2. 항아리나 큰 유리병을 준비하고 그 속에 든 잡균을 없애기 위해 불이나 열로 소독을 한다. 예전 우리 어머니들은 간장이나 된장, 고추장을 담글 때 볏짚에 불을 붙여 항아리 속을 두르며 멸균을 했다. 예나 지금이나 우리 눈에는 보이지 않지만 잡균들은 여전히 어디에나 달라붙어 있기 때문에 반드시 멸균이 필요하다. 지금은 볏짚을 구하기 어렵기 때문에 손쉽게 구할 수 있는 약쑥을 태워 멸균하는 것이 편리하고 효과적이다. 보통 가정에서는 유리 항아리에 담그는 경우가 많은데, 이것을 소독하기 위해 끓는 물을 부으면 유리 항아리가 깨지기 쉽다. 이때는 찬물에 유리 항아리를 거꾸로 엎어 놓고 천천히 불을 올려 끓이면 유리병이 깨지지 않으면서 균을 없애는 소독을 할 수 있다.

3. 올리고당은 무게로 따져 기존에 넣는 설탕의 20% 정도만 준비하고 먼저 바닥에 약간 깔아준다. 이는 항아리 밑바닥에 남아 있거나 올라올지 모르는 잡균을 막기 위한 것이다. 여기서 올리고당은 훌륭한 방부제의 역할을 한다.

4. 물기가 마른 쑥을 짧게 썰어 미리 준비한 모균액을 스프레이로 뿌리거나 버무려서 쑥에 충분히 잘 묻고 섞이도록 한다. 모균으로 쓰는 것은 꼭 쑥효소가 아니더라도 잘 발효된 매실액이나 각종 발효액도 괜찮다.

   비록 양은 그리 많지 않아도 모균을 쑥에 잘 버무려서 차곡차곡 항아리 속에 넣어두면 나쁜 유해균보다 좋은 발효균이 먼저 자리를 잡아 발효가 잘 되고 빨리 된다. 이때 항아리 속의 쑥은 꼭꼭 눌러서 공기가 들어가지 않도록 해야 한다. 그래야 유산균 등 혐기성 미생물이 왕성하게 활동하며 발효를 시키기 때문이다.

5. 쑥을 다 넣은 후에도 역시 잡균이 안으로 침투하지 못하도록 올리고당으로 위를 충분히 덮어준다. 그리고 어느 정도 공기가 통해야 하기 때문에 뚜껑은 꼭 닫지 않고 느슨하게 한다. 이렇게만 하면 설탕이나 올리고당은 일반적으로 발효액을 담그는 것보다 훨씬 적은 양으로도 가능하고, 발효 또한 성공할 수 있는 확률이 크게 높아진다.

설탕을 적게 써서
액상 발효액 만들기

기존 방식으로 설탕을 이용해 산야초 효소를 담그게 되면 산야초 1kg에 설탕 1kg이 필요하다. 그러나 그 5분의 1인 200g의 설탕으로 산야초 효소를 만들어보자.

1. 신선한 과일이나 산야초, 채소 등의 재료를 물기가 없도록 말린다. 이 중 딱딱한 산야초는 잘게 썬 다음 일단 완성되어 있는 원종균 발효액을 산야초 재료의 1/10 정도를 넣어 종균이 산야초에 잘 접종되도록 치댄다.

2. 준비한 설탕의 50%만 넣고 다시 산야초에 잘 버무려서 섞는다. 이때 딱딱한 약재는 즙이 나오지 않기 때문에 배즙을 섞는다.

3. 잘 분쇄해 버무린 산야초를 항아리에 2/3 정도 담고 항아리 내부 벽에 잡균이 달라붙지 못하도록 깨끗한 행주에 포화죽염수를 묻혀 닦는다.

4. 나머지 설탕 50%는 산야초가 보이지 않게 위에 잘 덮어주어 잡균이 들어가지 않도록 한다. 맨 위에는 잡균이 들어오는

것을 더 철저히 막기 위해 죽염을 약간 뿌리는 것도 좋다.

5. 3일 정도 되면 발효가 활발히 이루어지며 이때부터 소독한 막대기로 매일 한 번씩 발효액을 골고루 저어준다. 온도는 그늘에서 35℃ 전후가 적정하며 하루 한 번 저어서 설탕이 잘 녹게 하고 산소를 공급해 주어야 알코올이 덜 생긴다.

6. 이렇게 발효시켜서 항아리에서 끓는 소리가 나면 1차 발효를 끝내고 찌꺼기를 걸러낸 후 발효액만 담아 다시 2차 숙성에 들어간다. 2차 숙성은 서늘한 동굴이나 토굴 같은 곳에서 12℃ 정도의 온도에서 숙성하면 맛이 더 좋아진다. 이런 환경이 되지 못할 때는 항아리에 잡균이 들어가지 못하도록 항아리를 땅속에 묻거나 항아리 바깥에 특수도료를 바르기도 한다. 이때는 항아리 바닥이 습하지 않게 돌을 깔아 항아리가 땅에 닿지 않게 5cm 이상 떨어지도록 한다.

7. 도시에서는 위와 같이 자연 속 환경에서 발효액을 만들기 어렵다. 따라서 김치냉장고의 숙성 기능을 이용해 발효액을 유리병에 담아 얼지 않게 2차 발효를 시키면 깊은 맛의 발효액을 만들 수 있다. 이때는 보름에 한 번 정도 뚜껑을 살짝 열었다 닫아준다.
설탕만 넣어서 발효액을 만들 때는 재료의 수분 함량에 따라 첨가하는 설탕의 양도 달라진다. 특히 재료에 수분 함량이 많으면 부패하기 쉽기 때문에 설탕을 많이 넣고, 수분 함량이 적으면 설탕을 적게 넣는다. 예를 들어 수분 함량이 78%인 매실에 넣는 설탕을 1로 기준한다면 수분 함량이 81%인 돼지감자는 그보다 많은 1.2를 넣고, 63%인 마늘은 0.6을, 그리고 수분 함량이 56%인 은행은 0.5를 넣는다.

그러나 이들 재료에 원래의 모균, 종균 발효액을 접종시켜 담그면 이보다 설탕의 비율을 줄일 수 있다. 당뇨 환자를 위한 발효액도 발효 방법은 같지만 설탕의 양을 적게 넣어야 한다. 이때도 실패하지 않으려면 설탕은 적게 넣고 원종균 발효액을 5% 정도 더 넣어 담근다.

발효가 활발해지면 매일 한 번씩 저어주고, 어느 정도 숙성되면 저온창고에서 2차 발효를 시켜야 실패가 없다.

현미김치
만들기

현미김치를 담그는 방법은 간단하다. 먼저 유기농 미강과 우유, 그리고 농후발효유를 준비한다. 농후발효유는 고농도 유산균 또는 효모 등으로 우유를 발효시킨 유제품으로 떠먹는 요구르트와 액상 요구르트 등이 있다. 이 농후발효유는 불가리쿠스 같은 요구르트를 만드는 균의 수가 1㎖에 1억 마리 이상일 경우를 말한다. 이 기준치 이하는 발효 음료라고 하는데, 농후발효유는 보통 발효 음료에 비해 유산균 수가 약 2배 정도 많다.

| 준비물 |
유기농 미강 1kg, 우유 500㎖, 농후발효유 150㎖, 생수 500㎖

1. 먼저 미강과 우유를 골고루 섞어 찜통에 넣고 1시간 정도 충분히 찐다. 이렇게 쪄야 하는 이유는 멸균을 위한 것이다. 또한 미강에 우유를 섞는 이유는 우유가 불가리쿠스 같은 농후발효유 미생물의 먹이가 되기 때문이다.

2. 다 찐 미강을 미지근하게 식힌 후 생수 500㎖과 농후발효유 150㎖을 넣고 잘 섞는다.

3. 이것을 비닐팩에 넣은 후에 발효기를 사용하거나 안전한
   플라스틱 용기에 넣어 40℃의 전기장판 위에서 48시간 발
   효시킨다.

4. 발효가 끝나면 새콤한 맛이 나게 되는데 이것을 넓은 채반
   에 얇게 펼쳐 놓고 선풍기로 말린다. 적당히 건조되면 손으
   로 부수거나 채를 이용해 가루로 만들어 비닐팩에 담아 냉
   동실에 넣어두고 조금씩 사용한다.

현미약초효소
만들기

현미김치는 담그기가 간단하지만 그 효과는 앞서 말한 것처럼 정말 대단하다. 여기에 특정 질병에 효과가 있는 약용식물을 달인 물이나 발효액, 약초를 분쇄한 분말을 넣어 만드는 것이 현미약초효소다. 이제부터 현미약초효소를 직접 만들어보자.

| 준비물 |
유기농 미강 10kg, 우유 1000㎖ 5개,
불가리쿠스 등의 농후발효유 150㎖ 10개, 9회 죽염 약간

1. 유기농 미강 10kg과 우유 1000㎖ 5개를 골고루 잘 섞는다. 미강을 1kg으로 할 경우는 모든 재료를 1/10로 준비한다. 미강에 우유를 넣어 반죽하는 것은 현미에 부족한 것이 단백질이기 때문이다. 이 우유가 불가리쿠스 유산균의 먹이가 된다.

2. 고지혈증이나 연골, 관절질환, 기관지 계통 질환 등 특별한 질환이 있는 경우에는 그에 맞는 약재를 미강 양의 5% 이내로 분말로 만들어 함께 섞어서 우유로 반죽한다. 반죽할 때는 너무 질지 않게, 찐득찐득한 죽이 되지 않게 해야 한다.

3. 이렇게 섞은 내용물을 찜통에 넣어 약 한 시간 정도 찐다. 열을 가해 찌는 이유는 역시 잡균을 멸균하기 위한 것이다. 이때도 너무 오래 찌면 안 되며, 찐득찐득한 죽이 되게 찌면 역시 안 된다.

4. 잘 찐 재료를 미지근할 정도로 식힌 다음, 펄펄 끓여서 미지근하게 식힌 생수 2ℓ짜리 두 병 반과 불가리쿠스 등의 농후 발효유 150㎖ 10개를 혼합하되 균이 고루 접종되도록 잘 섞어야 한다. 이때 귤즙이나 올리고당 또는 포도당 300g 정도와 죽염을 차 스푼으로 3수저, 약 15g 정도 넣는다.

5. 이것을 비닐팩이나 안전한 플라스틱 용기에 넣어 현미김치와 같은 방법으로 48시간 발효시킨 후 건조를 하면 된다. 한 시간 정도 지나 건조가 약 60% 정도 진행되면 꺼내 방바닥에 펼쳐 놓고 선풍기로 말린다. 다 마르면 손으로 비벼서 채로 걸러 건냉암소에 보관하고 하루 2~3회 먹는다.

만일 미강 1kg과 우유 500㎖를 섞어 쪘을 경우에는 펄펄 끓여 식힌 물 500㎖와 불가리쿠스 등의 농후발효유 150㎖ 1개를 함께 잘 섞는다. 미강과 각각의 질병에 맞는 말린 약초를 섞은 후 우유로 섞는 이유 역시 우유가 불가리쿠스 같은 농후발효 미생물의 먹이이기 때문이다.

그리고 이것을 쪄서 잡균을 없앤 다음 우유로 만든 유산균 발효액과 당분, 소량의 죽염을 넣어 발효시키는 것인데, 발효기를 쓸 경우 날씨가 습하면 잘 발효가 되지 않을 수 있다. 미강에 버섯을 넣어 유산균으로 발효시켜 건조할 때 그 온도는 미생물이 죽지 않게 섭씨 50℃를 넘지 않도록 해야 한다.

건조를 위해 건조기나 전기장판 등을 사용하는 방법 외에도 전기 밥통에 물을 조금 담고 보온으로 한 다음 그 위에 스테인리스 쟁반을 얹고 면이나 마섬유를 깐 다음 버섯과 미강을 발효한 것을 얹어 저온으로 말리는 방법도 있다.

홍차버섯 발효액
만들기

버섯 자체가 매우 신비롭고 대단한 곰팡이이지만 홍차버섯이 배양되는 모습을 바라보면 참 신기하기 짝이 없다. 잘 끓인 홍차를 식혀 일정 양의 설탕과 홍차버섯 종균을 넣어 발효시키면 그 속에서 해파리처럼 생긴 균사체 덩어리가 너울너울 춤을 추며 자라는 모습을 볼 수 있다.

　홍차버섯을 배양하는 방법은 비교적 간단하다. 먼저 인터넷을 통해 홍차버섯 종균을 분양받도록 한다. 종균의 가격은 비교적 싼 편이고 보급 차원에서 무료로 분양해 주는 홍차버섯 마니아들도 있다. 만일 종균이 없으면 대신 모균을 넣으면 된다. 여기서 모균이란 그 이전에 잘 발효시켜 만들어 놓은 홍차버섯을 말한다. 막걸리식초를 만들 때와 같은 원리다.

　홍차버섯은 종균이나 모균이라는 마중물이 있어야 미생물이 활발하게 번식하면서 배양이 된다.

　지금까지 홍차버섯을 배양할 때면 대부분 설탕을 사용했지만 올리고당이 왜 좋은지 알았으니 보다 안심하고 마실 수 있는 홍차버섯 발효액을 만들기 위해 올리고당을 이용한다.

　홍차버섯 역시 다른 미생물과 마찬가지로 당도 10%에서 가장 활발하게 번식한다. 따라서 보통 찻물 1ℓ에 설탕 100g 정도를 넣듯이 올리고당도 비슷한 비율의 양을 넣어주면 10%의 당도가 유지되면서 홍차버섯이 무럭무럭 건강하게 자라는 것을 확인할 수 있다.

자! 그렇다면 이제 홍차버섯을 배양해 보자

1. 곡물이 들어가지 않은 녹차나 보이차, 과일차, 허브차 가운데 홍차버섯을 배양하고 싶은 차의 재료, 배지를 준비한다. 앞서 언급했듯이 홍차버섯은 여러 차茶에서 잘 자라는 다균茶菌이기 때문에 곡물류만 아니라면 원하는 차의 재료를 배지로 준비하면 된다.

2. 미리 유리 용기를 준비한다. 용기의 크기나 모양은 상관이 없다. 홍차버섯이 용기 속에서 용기의 생긴 모양에 맞춰 자라기 때문이다. 유리 용기가 준비되었으면 열탕을 해서 용기 안에 있을지 모르는 잡균을 소독한다.

3. 이상과 같은 준비가 끝났다면 찻물을 끓여서 식힌다. 열탕 소독한 유리 용기도 함께 식힌다. 그런 다음 찻물 1ℓ에 설탕 100g 정도 당도 비율의 올리고당을 넣고 홍차버섯 종균이나 홍차버섯 100g을 모균으로 넣는다.

4. 모균을 넣은 후 면으로 된 천을 덮어 30℃ 정도의 온도에서 8일 이상 배양하면 버섯이 설탕을 먹고 발효를 시키면서 설탕 성분이 변해 신맛이 나기 시작한다. 홍차버섯은 보통 2주 동안 배양 발효시키는데 신맛이 싫은 사람은 빨리 마셔도 된다.

티벳버섯 발효액
만들기

티벳버섯은 우유 등에 넣고 20~30℃ 정도의 실온에서 24시간 발효시키는데, 발효가 끝난 후 냉장고에 넣고 3시간 정도 지나면 떠 먹는 요구르트처럼 걸쭉하게 변한다. 여기에 매실 발효액이나 과일즙을 타서 먹으면 좋다.

완성된 발효액을 냉장고에 오래 넣어 두면 부패하기 때문에 냉장고에 3시간 정도 넣어둔 후 즉시 먹거나 과일즙 등을 섞어 냉동실에 넣고 샤벳을 만들어 먹는 것이 좋다.

티벗버섯을 배양하다가 장기간 외출할 때는 티벳버섯을 밀폐 용기에 넣어 냉장고에 보관하게 되면 생장을 멈춘다. 이때는 돌아와 꺼내서 배양하면 된다.

티벳버섯은 번식력이 강해서 조금만 키워도 무럭무럭 자란다. 버섯의 양이 많아지면 믹서로 갈아서 발효액과 함께 섞어 먹는다. 티벳버섯을 배양하는 방법도 매우 단순하다.

1. 먼저 티벳버섯 종균을 구입하거나 만들어 놓은 티벳버섯을 모균으로 사용하고, 유리병이나 사기로 된 그릇을 열탕 소독한 후 우유, 두유, 요구르트를 넣으면 된다. 인터넷상에서 티벳버섯 동호회가 활발하게 활동하고 있으며 종균을 무료 분양하는 사람도 많다.

2. 티벳버섯은 쇠나 스테인리스 용기에 배양하면 썩기 때문에 반드시 유리병이나 사기 그릇을 사용해야 한다. 그리고 발효 배양이 끝난 후 티벳버섯과 발효액을 분리하기 위해 조리로 거를 때에는 플라스틱으로 된 조리를 사용한다.

3. 용기에 종균이나 모균을 넣고 우유와 두유, 요구르트로 배양을 할 때 공기가 잘 통할 수 있도록 윗부분은 뚜껑을 닫지 말고 면으로 된 깨끗한 천으로 덮어야 한다.

4. 이처럼 티벳버섯은 용기에 종균이나 모균을 넣고 우유 등을 부어 상온에 2~3일 두면 잘 배양이 된다. 보통 실내 온도 18℃에서 20℃ 사이에 잘 자라고 40℃에 가까우면 무척 왕성하게 자라는데, 발효하는 시간에 따라 맛도 달라진다.

5. 발효액을 걸러내고 냉장고에 두면 장기 보관이 가능하다.

티벳버섯 발효액은 변비와 고혈압, 동맥경화에 좋고 소화작용을 도우며 담석 제거와 소염작용, 면역력을 강화시켜 주는 효과가 있다. 티벳버섯은 다이어트 식품으로도 젊은 층에게 인기를 끌고 있는데, 발효 배양하기가 어렵지 않은 만큼 가정에서 배양해 볼 만하다.

티벳버섯이나 홍차버섯을 배양하면서 주의해야 할 점은 잡균이 들어가지 않도록 사전에 용기를 열탕해서 철저히 멸균하는 것이다. 버섯에 사람 손이라도 닿으면 오염이 되어 썩고 만다. 이것은 다른 유용미생물을 배양할 때도 마찬가지다.

가정에서 EM 발효액
만들기

먼저 인터넷에서 EM 원액인 종균을 구입한다. 많은 곳에서 EM 원액을 판매하고 있으니 값싸게 구입할 수 있다. 그런 다음 쌀뜨물과 페트병, 당밀, 올리고당, 천일염이나 죽염을 준비하자.

쌀뜨물로 만들기

| 준비물(2ℓ 페트병 기준) |
쌀뜨물 1.8ℓ, 당밀 20g 또는 설탕 20g 이상, 천일염 1/2 티스푼,
EM 원액 20㎖(소주잔 1컵 이상)

1. 준비물을 잘 섞어서 직사광선을 피해 따뜻한 곳에 7~10일
   정도 놓아둔다.

2. 여름은 2~3일이라도 빵빵해지면 뚜껑을 살짝 열어 가스를
   뺀다. 이때 뚜껑을 자주 열면 효과가 떨어진다.

3. 일주일 정도 지나 작은 병에 나눠 담는다. 30회 이상 여닫
   으면 효과가 없다.

4. 일단 물에 희석한 것은 2~3일 내에 사용하는 것이 좋다.

5. 녹차, 허브, 인삼 등이나 술, 식초 등을 첨가하기도 한다.

밀가루로 만들기

| 준비물(2ℓ 페트병 기준) |
물 1.8ℓ, 밀가루 10g, 당밀 20g 또는 설탕 20g 이상,
천일염 1/2 티스푼, EM 원액 20㎖ 이상

1. EM 원액 20ℓ와 당밀이나 설탕 20g 이상을 넣고 쌀뜨물 대
   신 밀가루 10g을 사용한다. 이때는 천일염 1/2 티스푼을 넣
   는데, 식용 EM일 경우 설탕 대신 올리고당을, 천일염 대신
   죽염을 넣기도 한다.

2. 여기에 녹차나 허브, 인삼, 버섯, 한약재 등 특정 작물의 성
   분을 첨가해도 좋고, 술이나 식초, 마늘 등을 첨가해 특정
   목적의 EM 발효액을 얻을 수 있다. 이때 가정용 세제는 설
   탕을 쓰더라도 식용은 꼭 올리고당을 사용한다.

3. 각종 재료를 섞은 페트병을 직사광선을 피해 따뜻한 곳에
   놓아두면 EM이 배양되면서 발효가 이루어지게 된다.

4. 발효 기간은 보통 섭씨 30℃ 전후의 최적 온도에서는 7일

에서 10일, 온도가 잘 맞지 않으면 14일 정도가 소요된다. 당밀을 넣어 발효시킨 것은 달달하면서 시큼한 맛이 나며, 올리고당이나 설탕을 넣은 것은 시큼하면서도 막걸리 냄새가 나는 것을 알 수 있다,

5. 발효 과정에서 가스가 차면 페트병이 부풀어지면서 빵빵하게 되는데, 이때는 뚜껑을 살짝 열어 가스를 빼야 한다. 그러나 뚜껑을 자주 열면 발효 효과가 떨어지기 때문에 잘 관찰해야 한다.

6. EM 발효액은 직사광선을 피해 30℃ 내외의 온도에서 발효시켜야 하는데, 기온이 너무 낮거나 날씨가 선선하면 보온밥통을 이용해 배양하면 좋다. 먼저 페트병을 두꺼운 수건으로 감싸서 보온밥통 벽에 직접 닿지 않게 넣은 다음 보온 상태로 두면 금방 발효가 된다. 이때도 가스가 차오를 때 뚜껑을 열어 빼주지 않으면 터져 버릴 수 있기 때문에 조심해야 한다. 바깥 날씨가 차고 방안이 따뜻하면 보온밥통 옆에 페트병을 세워 놓아도 잘 발효된다.

7. 발효가 모두 끝난 발효액은 작은 병에 나눠 담아 그때그때 적절한 배수의 물에 희석해서 사용하면 편리하지만, 일단 한번 물에 희석한 것은 2~3일 내에 사용하는 것이 좋다. EM 발효액의 물과 희석하는 배율은 사용 목적과 대상에 따라 달라진다.

인공 방향제의
대안으로써의 EM

실내 공기의 발암물질이 심각할 수준이라는 경고음이 들린 지 오래다. 뿐만 아니라 먹는 생크림과 피부에 바르는 각종 화장품, 실내 공기 정화제도 인공향으로 만들어지고 있다. 정말 기가 막히는 것은 냄새 잡는 방향제조차도 인공향으로 만들어지고 있다는 현실이다.

모기향이나 향초, 세탁세제, 샴푸, 섬유유연제, 탈취제, 향수 등도 역시 인공향으로 승용차가 뿜어내는 휘발성 유기화합물 못지않게 발암 가능성을 가진 물질들이다. 이 인공향에는 우리 몸의 호르몬을 교란시킬 수 있는 화학물질이 들어 있다.

대부분의 합성향료 원료 물질은 석유에서 뽑아내고 있으며, 이 때문에 석유 가격이 향료 가격을 좌우하고 있다. 합성 장미향의 가격은 천연향의 100분의 1에 지나지 않는다. 오미자차에는 오미자향이 들어가고, 옥수수빵에는 옥수수향이 들어가고 있는 것이다. 합성향료는 새로운 맛의 젤리를 만드는 데에도 쓰이고 있다. 시럽과 색소에 합성향을 섞어 100여 가지나 되는 형형색색의 젤리를 만든다.

인공향의 폐해는 무섭다. 어항 속에 합성 장미향료를 넣었더니 물고기들이 3분 정도 지나자 괴로워하기 시작했고, 9분 후에는 배를 뒤집고 죽기 직전이었다. 반면 천연 장미향료를 넣은 수조의 물고기는 큰 변화가 없었다.

그렇다면 향초는 어떨까. 한 가정에서 향초를 피운 뒤 30분 후 공기질을 측정했더니 휘발성 유기화합물이 매연이 나오는 승합차 배기구의 7분의 1 수준이었다고 한다. 즉 방안에서 향초를 피우면 승용차 한 대가 엔진을 공회전하고 있는 수준으로 공기의 질이 떨어지는 셈이라는 것이다. 방향제와 향수의 휘발성 유기화합물은 승합차의 절반 수준이었다.

한 방송에서 인공향 첨가제품의 독성을 알아보기 위해 향수와 화장품, 방향제 등 15개 기업의 23개 향 제품을 대상으로 검사했더니 일부 제품에서 1급 발암물질인 포름알데히드가 나왔다. 일부 향 제품에서는 24가지의 화학물질이 검출됐다. 이런 발암물질은 아무리 소량이라도 많이 먹거나 계속 흡입하게 되면 몸속에 축적되기 때문에 절대 위험하다.

방향제와 향수, 화장품, 세탁세제, 방향양초, 세척용품 등의 인공향 첨가제품은 60% 이상이 그 냄새를 싫어한다. 이들 인공향은 메스꺼움과 편두통, 기분 저하, 피로감, 호흡 곤란, 과민증, 집중력상실증 등을 가져온다.

　천연향에 비해 인공향은 값이 10분의 1에서 100분에 1에 지나지 않는다. 한 예로 자스민꽃 6kg에서는 천연향을 15g 정도밖에 추출하지 못하지만 화학적인 방법을 통해 잎에서 향을 추출하면 얼마든지 가능하다.

이 인공향의 문제를 해결할 수 있는 대안이 바로 EM 발효액을 활용한 계피桂皮와 허브herbs다. 계피는 계수나무 뿌리나 줄기, 가지 등의 껍질을 벗겨 말린 것으로 은은하고 독특한 방향을 풍긴다. 또 허브는 음식 향기가 나는 식물을 말린 것이다.

이 계피와 허브는 냄새가 좋지만 무엇보다 모기나 바퀴벌레 같은 벌레들이 싫어한다. 따라서 EM 발효액에 계피나 허브가루를 녹여 작은 병에 담아 방안이나 사무실, 자동차 등에 두면 방향제나 탈취제, 해충 퇴치제로써 유용하게 활용할 수 있다.

EM 발효액에 계피나 허브가루를 타서 병에 담아 면으로 덮어놓거나 병을 랩으로 막은 후 나무젓가락을 꽂아놓으면 나무젓가락이 발효액을 빨아들여 밖으로 내보내기 때문에 오래 사용할 수 있다. 또 계피와 허브를 혼합한 EM 발효액을 방안 곳곳에 스프레이를 해도 모기와 바퀴벌레 같은 해충들이 달아난다. 이때 계피나 허브가루는 스프레이통 입구를 막을 수 있으니 망에 넣어 우려서 사용한다.

EM이 아니더라도 계피나 허브가루를 오일에 녹인 다음 중탄산나트륨인 식소다에 버무려 면으로 팩을 만들어서 신발장이나 옷장에 넣으면 훌륭한 탈취제 겸 제습제가 되는데, 식소다는 해충이 싫어하고 습기도 잘 빨아들인다.

　침대나 카펫에 진드기가 있을 때는 소금으로 닦으면 진드기가 없어진다. 먼저 소금으로 문질러서 쓸어낸 다음 진공청소기로 빨아내 습기가 바싹 마른 후 EM 발효액을 스프레이하면 진드기가 생기기 않는다.

EM 원액이 없을 경우 밀가루도 훌륭한 세제로 활용할 수 있다. 기름때가 묻은 그릇이나 프라이팬은 화학세제 대신 밀가루 2, 물 1, 식초 1, 소금 1, 식소다 1의 비율로 섞어 닦으면 깨끗해진다. 설거지를 할 때 여기에 물을 더 희석해서 사용하면 좋다. 오래 묵은 때는 여기에 식소다만 좀 더 섞어 쓰면 잘 지워지는데, 그래도 잘 닦이지 않는 아주 오래된 묵은 때는 식소다를 조금 더 섞어 발라놓았다가 5분 뒤에 닦으면 된다.

　참고로 EM 원액이 없을 때는 쌀뜨물 1.5ℓ에 매실 한 스푼, 설탕 한 스푼, 소금 1/2 티스푼을 섞어 며칠 발효시켜서 대신 사용하면 좋다.

CHAPTER 7

사람을 살리는
발효 식품

미생물과 발효를 얘기하면서 빠뜨릴 수 없는 것이
염장 식품, 그중에서도 우리 한국을 대표하는
김치와 고추장이다.

발효 민족의 긍지를 높일

약초 김치

세계가 인정하는
강력한 면역 식품, 김치

미생물과 발효를 얘기하면서 빠뜨릴 수 없는 것이 염장 식품, 그중에서도 우리 한국을 대표하는 김치와 고추장이다.

우리는 마침내 김치의 유네스코 세계인류문화유산 등재라는 민족적 경사를 맞았다. 우리나라는 자타가 인정하는 김치의 종주국이지만, 김치가 세계인의 식품이 되고 그 명성이 높아질수록 세계 시장에서 중국이나 일본과의 경쟁도 치열해질 수밖에 없다.

우리도 이제는 고급화, 기능화 등을 통해 김치를 더욱 발전시켜 나가기 위해 지혜를 모아야 할 때다. 그러나 불행하게도 요즘 우리나라 어린아이들은 김치를 잘 먹지 않는다.

김치와 된장, 고추장 등 우리나라의 염장 식품은 그 효능에 있어서도 단연 최고다. 예전 대동아 전쟁 당시 일제에 의해 동남아 전쟁터로 끌려간 많은 외국 군인이 열사병으로 몰살을 당할 때에도 우리 한국 청년들은 살아남았다고 한다. 그것은 전쟁터로 가면서 지니고 간 고추장 때문이었다. 즉 고추장 속에 든 발효균 덕분에 대장에 좋은 유익균이 유지돼 전염병에 저항력을 가질 수 있었기 때문이었다.

가축의 경우도 전염성이 빠른 구제역이 발생했을 때 사료를 발효해 먹였고, 또 축사 관리도 살균이나 소독보다 유익한 미생물인 EM을 활용해 예방할 수 있었다는 사례도 같은 맥락이라고 할 수 있다.

이렇듯 가축들도 발효된 먹이를 먹으면 먹이 속에 든 미생물 덕분에 대장에 좋은 유익균이 많이 존재해 어떤 방제작업이나 살충작업을 한 것 이상으로 강력한 면역력을 갖게 된다.

우리 고유의 발효 식품이 세계를 놀라게 한 상징적인 사건이 있다. 지난 2002년 11월, 중국과 홍콩에서 발병한 중증급성호흡기증후군인 사스SARS가 유럽과 북미 대륙까지 퍼져 전 세계가 초비상 방제에 들어간 적이 있었다. 감염자 수가 만여 명이나 되고 사망자 수가 8백 명에 달하자, 세계는 중국에 인접한 우리 한국만 유독 단 3명만 사스에 감염된 것을 이상하게 여기고 이를 주목했다.

세계 각국의 의료진은 그 원인을 연구한 결과, 한국인이 즐겨 먹는 김치에 프로바이오틱스, 즉 대장을 건강하게 하는 유산균이 수십 종 들어 있다는 것을 알게 되었다. 김치 유산균이 1g에 10억 마리 이상 존재하는 강력한 면역 식품이라는 것을 알게 된 것이었다.

김치의 유익균은 채소에서 생성되는 세계 유일의 유산균으로 이를 계기로 전 세계가 김치의 가치를 새롭게 깨닫게 된 것이다.

김치의 맛이 지역마다 다 다르듯이 그 유산균 또한 지역마다 다르다. 김치는 콜레스테롤이 함유된 서양의 발효 유제품과 달리 채소로 만든 발효 식품이므로 내장지방 축적을 예방하고 당류나 콜레스테롤 수치를 낮추는 강력한 힘을 발휘한다.

사스 이후 학자들의 집중적인 연구 결과, 김치는 암 발생까지도 현저히 낮춘다는 것이 밝혀졌다. 일반적으로 유산균을 섭취해도 위에서 위산으로 인해 모두 죽기 때문에 대장까지 도달하지 않지만, 김치의 유산균만큼은 채소의 섬유질 속에 숨어 대장까지 갈 수 있다는 것이 밝혀진 것이다.

행복호르몬인 세로토닌은 대장에서 95%가 생성되기 때문에 대장의 건강은 정신 건강과도 밀접한 관련을 갖고 있다. 김치를 많이 먹으면 행복호르몬의 분비가 활성화되어 우울증과 정신질환 예방에도 도움을 받게 되기 때문이다.

이 같은 사실이 학자들의 연구와 실험에 의해 알려지면서 전 세계적으로 김치 열풍이 불기 시작했다. 2013년에는 미국 국민들을 위해 식단계몽운동을 하고 있는 대통령 부인인 미셸 여사도 자신이 직접 기른 채소로 한국식 김치를 직접 담그는 시범을 보였고, 이를 미국 TV 방송들이 보도해 지구인들의 시선을 사로잡았다.

이런 뛰어난 민족적 자산인 김치가 마침내 세계인류문화유산으로 등재될 정도로 인정을 받았다면 우리는 김치종주국으로서 보다 차원 높은 고품질의 김치를 개발할 필요가 있는 것이다.

김치의 우수성과
보약 김치 개발의 필요성

김치는 기본적으로도 비타민 C와 베타카로틴, 페놀화합물, 클로로필 등 항산화 성분이 풍부하여 노화까지 억제하는 것으로 알려져 있다. 김치를 섭취하면 새로운 콜라겐이 형성돼 피부 조직이 두껍게 유지되고 각질층이 부드러워진다는 실험 결과도 있다. 이외에도 변비 예방과 생리대사 활성, 스트레스 완화, 영양 균형 유지, 산중독증 예방 등 다양한 효능에 대한 연구 결과도 속속 발표되고 있다.

김치 속의 유산균이 번식하려면 다양한 비타민과 필수아미노산이 있어야 하기 때문에 젓갈을 첨가하기도 하는데, 젓갈은 유산균이 더 잘 자랄 수 있게 한다. 또 김치에는 고추와 갓, 무청, 파 등을 넣기 때문에 비타민 A가 많아진다. 따라서 젓갈을 넣어 담근 김치는 쌀밥을 주식으로 하는 한국인에게 부족한 비타민 B1과 칼슘 섭취에 도움을 주며, 대부분의 미네랄과 비타민도 김치를 통해 섭취하게 된다.

김치는 잘 숙성되어 새콤한 맛을 낼 때에 유산균 수가 가장 많은 상태로서 유해균을 없애거나 억제하기 때문에 다른 음식을 먹더라도 김치와 함께 먹으면 웬만해서 배탈이 나지 않는 것이다.

여기서 김치의 질을 높이고 더불어 국민 건강을 도모하는 대안으로 제시할 수 있는 것이 한약재인 약초를 김치에 접목한 보약 김치다. 대표적인 보약으로는 우리가 잘 알고 친숙한 사물탕과 사군자탕, 팔물탕, 십전대보탕 등이 있다.

먼저 한방 보약의 사물탕四物湯은 피血를 도와주는 보약 처방이다. 사물탕은 빈혈과 허혈, 월경불순, 불임증, 갱년기장애, 임신중독, 산후증 등에 쓰이기 때문에 여성에게 특히 좋은 보양제다. 숙지황熟地黃과 백작약白芍藥, 천궁川芎, 당귀當歸 각각 4.68g씩을 한 첩으로 하여 달여 마신다.

이에 비해 사군자탕四君子湯은 모든 기氣의 기본을 채워 주는 처방으로 남자에게 특히 좋은 보양제다. 인삼과 백출白朮, 백복령白茯苓, 자감초炙甘草 각각 4.68g씩을 탕제해서 복용한다.

사물탕에 사군자탕을 보태면 팔물탕八物湯, 혹은 팔진탕八珍湯이라 하여 혈血과 기氣를 보해주는 뛰어난 보약이 된다.

이 팔물탕에 육계肉桂와 황기黃芪를 추가하면 이것이 바로 십전대보탕十全大補湯이다. 십전대보탕의 '십전대보'라는 처방명은 모든 것十을 온전하고全, 지극하게大 보補한다는 의미를 지니고 있다. 이 말은 중국 송나라 태종 때 쓰인 〈화제국방和劑局方〉이라는 의서에 처음으로 등장했고, 〈동의보감〉에도 몸을 전반적으로 보양補養하는 대표 처방으로 사용하였다.

현대에 와서도 십전대보탕은 만성허증질환이나 병을 앓고 난 후 또는 수술 후 회복할 때 임상에서 사용하고 있으며, 부인과질환과 간계통의 질환, 외과 및 피부질환, 안이비인후질환, 심계질환, 운동기계질환, 신계질환, 비위계질환 등에 폭넓게 활용되고 있다.

실험용 쥐를 대상으로 한 실험에서도 십전대보탕은 면역력 증강에 효과가 있다는 연구 결과가 있다.

김치와 보약,
죽염의 만남

고품질의 김치는 무엇보다 김치를 담그는 주재료인 소금에 달려 있다. 김치는 간을 싱겁게 하면 배추가 물렁해져 식감이 떨어지기 때문에 짜게 먹을 수밖에 없는 음식이기도 하다. 그러나 미네랄이 풍부한 좋은 소금을 쓰면 더 잘 발효되고 사각거리며 식감도 좋아진다는 것을 이미 설명했다.

여기서 발효 소금이나 죽염의 중요성을 다시 강조하지 않을 수 없다. 연안에서 나는 천일염은 공장 폐수는 물론 축산 폐수로 인해 갈수록 오염되고 있다. 다공질로 된 천일염 속의 유기물을 EM이나 버섯균사체 미생물로 발효시키면 깨끗하고, 무엇보다 항산화력이 뛰어난 발효 천일염이 얻어진다. 또한 천일염을 대나무 속에 넣어 황토로 봉한 후 고열로 쇠화로에 구운 죽염은 현대과학과 영양학적 연구 분석을 통해 그 신비가 하나씩 벗겨지고 있다.

요즘 신장병 환자가 늘어나고 있는 이유는 짜게 먹어서가 아니라 미네랄이 없는 정제염이나 미네랄 함량이 너무 적은 수입 천일염을 먹기 때문이다. 특히 일반 천일염의 분자는 신장사구체를 통과하기에는 커서 신장을 망가뜨리는 가장 큰 원인이 된다. 이에 비해 죽염은 분자 크기가 일반 소금의 10분의 1에 지나지 않을 정도로 저분자화되어 있어서 일반적으로 아무리 먹어도 신장을 망가뜨리지 않는다.

실제로 잠들기 전 야식으로 정제염이 들어 있는 라면을 먹고 자면 다음 날 일어났을 때 부어 있는 것을 쉽게 볼 수 있지만, 정제염 스프를 버리고 9회 죽염을 넣어 라면을 끓여 먹고 자면 다음 날 붓지 않는다.

이처럼 정제염과 죽염은 건강에 전혀 다른 영향을 주며, 특히 부종은 신장과 밀접한 관련이 있기 때문에 죽염은 신장을 해치지 않는 유일한 소금이라는 것을 알 수 있다.

죽염의
신비

죽염이 암과 염증을 억제하는 효과가 탁월하다는 실험 결과가 속속 밝혀지고 있다. 부산대학교 식품영양학과 박건영 교수, 조흔 박사 연구팀의 '죽염 및 죽염발효식품의 암 예방 효과' 논문에 따르면, 죽염의 대장암 세포 억제율은 41~53%, 위암 세포 억제율은 36~51%인 것으로 나타났다. 또한 1차례 구운 1회 죽염보다 전통의 방식에 의해 9차례 구운 9회 죽염의 효과가 더 좋았다.

연구팀이 실험용 쥐에게 종양세포를 투여하고 2주 후 폐에 많은 종양이 생긴 쥐에게 각각 1회, 3회, 9회 죽염을 먹이고 관찰한 결과, 폐의 종양이 눈에 띄게 줄어든 것으로 나타났다. 그리고 실험용 쥐에 위염을 일으키는 물질을 투여하자 일반 쥐의 위는 염증으로 뒤덮였지만, 1~9회 구운 죽염을 먹인 쥐의 위에서는 염증이 거의 발견되지 않았다.

이처럼 소금을 사용한 김치와 된장 등의 발효 식품의 항암력을 실험한 결과, 여러 소금 가운데 9회 죽염을 사용한 발효 식품의 항암력이 가장 높았고, 9회 죽염은 단순한 천연 항생제 이상의 신비한 효과가 있는 것으로 나타났다.

또한 9회 죽염은 나트륨의 섭취를 제한하는 다른 소금과 달리 충분히 섭취해도 문제가 전혀 없는 소금이라는 것도 밝혀졌다.

나트륨을 몸 밖으로 배출하기 위해서는 같이 결합해 배출을 돕는 미네랄인 칼륨이 있어야 한다. 그런데 천일염을 대나무 속에 넣어 반복하여 9번을 구워 낸 죽염 속에는 천일염 1/10 크기의 작은 분자 칼륨이 함유되어 있어 물에 녹자마자 5초 안에 이온화가 되어 나트륨을 몸 밖으로 배출하기 시작한다.

물론 죽염을 만드는 원재료인 천일염에도 칼륨이 함유되어 있지만 그것이 녹아 이온화가 되는 데 최소 한 시간 이상이 걸린다. 따라서 몸속에 들어온 나트륨을 몸 밖으로 배출하는 데도 죽염과 천일염은 큰 차이를 보이고 있다.

지난 2005년에 발생한 구운 소금의 다이옥신 파동으로 지금도 구운 소금과 죽염에 대해 불안해 하는 사람들이 있다. 하지만 실제로 다이옥신은 400℃에서 발생해 800℃에서 소멸하기 때문에 9회 죽염을 만드는 마지막 공정인 9번째에 1,600℃ 이상으로 온도를 올려서 구워낸 9회 죽염의 경우 다이옥신이 존재하지 않는다.

일부 가정에서 천일염을 볶아 쓰기도 하지만, 가정에서는 아무리 온도를 올려 구워도 500℃ 이상은 어렵다. 그래서 애써 고생하고도 다이옥신이 있는 소금을 먹고 있는 것이다. 따라서 구운 소금이나 죽염의 경우 800℃ 이상의 고열처리를 거친 것을 선택하는 것이 좋다.

이처럼 높은 온도로 구워내면 천일염에 함유된 수십 종의 주요 미네랄은 고스란히 남아 있고, 인체에 유해한 독성물질이 없는 좋은 소금이 된다.

서해안 천일염으로 만든 죽염의 우수성

우리나라 서해안에서 나는 천일염은 우리 민족에게 엄청난 무형의 보물이요 재산이다. 서해안 바닷물은 석유처럼 퍼내면 고갈되는 것이 아니라 아무리 퍼내도 마르지 않을 우리나라의 무궁무진한 자원이며, 이 천일염을 가공해 약성화한 죽염 또한 한국인의 지혜가 담긴 우리만의 소중한 자산이다.

실제로 죽염의 뛰어난 효과와 우수성은 국내는 물론 이미 중국에서도 널리 인정하고 있다. 황사로 늘 덮여 있는 중국 서안 지방 주민들 가운데는 기관지질환과 비염에 시달리고 있는 사람이 많은데, 우리 9회 죽염으로 코를 씻어 내고 침으로 늘 녹여 먹으면 어떤 약도 들지 않던 코와 목의 염증이 빠른 호전을 보인다는 연구가 있다.

이것은 소갈증을 치료하는 약성을 지닌 대나무와 염증 치료에 효과가 있는 소나무의 성분이 죽염을 구울 때마다 반복해 스며들면서 고농도로 합성되어 약리작용을 하기 때문이다.

그런데 놀라운 것은 죽염은 반드시 우리나라에서 생산된 것이어야만 그 약성을 제대로 지니게 된다는 점이다. 신기하게도 우리나라에서 생산되는 곡식과 약초, 과일, 육류뿐 아니라 생선까지 다른 나라에서 자라는 것과 달리 독특하고 신비한 약리작용을 발휘하고 있다.

인삼만 하더라도 우리나라의 인삼을 다른 나라에 심으면 그 약성이 완전히 달라지는데, 그것은 우리나라와 그 나라의 토양이 전혀 다르기 때문이다.

천연도료로 사용하는 옻나무나 황칠나무의 경우도 우리나라에서 생산된 옻이나 황칠을 사용해야만 그 칠이 영원히 불변한다. 그래서 그 옛날 중국 황실에서는 우리나라 자연도료만 사용하는 것이 불문율이었다.

미나리를 비롯한 나물류나 각종 잡곡류도 중국산은 맛과 영양가, 약성이 국산에 비해 현격히 다르다.

연근해에서 잡히는 어류도 마찬가지다. 같은 생선이라도 우리나라 연근해 바다에서 자라는 어류만이 독특한 약성을 지니고 있다. 실제로 같은 황해에 살고 있는 조기라도 중국 연안에서 잡힌 조기는 비린내가 나고 맛이 없다. 하지만 우리나라 서해안에 잡힌 조기는 맛이 각별한데다 채소의 독을 없애며, 조기의 머리뼈는 불에 태워 결석을 없애는 약재로도 사용해 왔을 정도다.

이런 약성을 지닌 조기가 자라는 서해안에서 생산된 천일염은 다양한 미네랄을 함유하고 있기 때문에 김치를 담가 다양한 미네랄을 함께 섭취하게 된다. 실제로 수입 천일염은 나트륨 이외에 미네랄 함량이 5% 이하로 극히 적지만, 우리나라 서해안에서 나는 천일염은 20%에 가까운 미네랄 함량을 지니고 있다. 이는 세계적으로 유명한 고급 소금인 프랑스 게랑드 천일염보다 훨씬 높은 수치로서 우리나라 천일염의 미네랄 함량이 높은 것은 다 밝혀진 사실이다.

반도체 기술은 중국이 우리나라를 따라오고 있지만, 죽염만큼은 아무리 중국이 따라오려고 해도 그 재료의 약성이 다르기 때문에 우리나라에서 생산된 죽염을 따라올 수가 없다.

쥐 실험에서 우리나라 서해안 천일염을 먹은 쥐는 정제염을 먹은 쥐보다 지방과 단백질의 산화적 손상이 적었으며, 구운 소금을 먹은 쥐는 더욱 손상이 적었고, 9회 죽염을 먹은 쥐가 손상이 가장 적은 것으로 나타났다.

9회 죽염의 강력한 활성산소 제거 능력과 항염성은 각종 질병의 예방에도 널리 쓰이고 있다. 대한치과의사협회에서 매년 주관하는 건강한 치아를 뽑는 콘테스트에서 입상한 어린이들을 보면, 평소 늘 죽염을 녹인 물로 가글을 하거나 충치를 예방하기 위해 잠들기 전 죽염을 녹여 먹고 자는 것을 습관화한 어린이가 많다.

이렇듯 일상생활에서 죽염의 항염성을 이용하면 국민 보건 비용을 획기적으로 줄일 수 있다. 이런 죽염을 국가적 차원에서 보호하지 않고 그동안 방치되어 온 것은 실로 유감스런 일이 아닐 수 없다. 따라서 국가적으로 죽염의 항염성과 항암성의 데이터를 체계적으로 보유하고, 이것을 전 세계에 홍보한다면 세계인의 건강을 지키는 식염으로 식탁의 김치와 함께 죽염 열풍을 가져올 수 있게 될 것이다.

겨울철의 면역력을 높여 주는
십전대보탕 김치

김치의 세계인류문화유산 등재와 더불어 서해 천일염과 이 천일염을 가공한 죽염으로 고품질의 특화된 김치를 담그는 연구가 그 어느 때보다 시급하고 필요하다. 국산 배추와 천일염이나 죽염 그리고 약재를 이용해 김치를 담그게 되면, 이 김치는 단순한 음식 개념이 아니라 사람의 몸을 살리는 보약 개념으로 접근이 가능하기 때문이다.

십전대보탕 김치를 먹는다는 것은 기와 혈을 보해주는 보약에 김치라는 약재를 하나 더하는 개념이라고 할 수 있다. 동의보감에도 배추는 비장脾臟과 위장胃臟을 돕는 식품으로 나타나 있다. 즉 배추는 성질이 차고 달며 독이 없고 음식을 소화시킨다. 또한 기를 내려주고 위장을 잘 통하게 하는 작용을 한다.

따라서 늦가을에 담가 겨우내 먹는 김장 김치에 십전대보탕을 가미한 십전대보탕 김치는 기혈을 보강해 몸을 따뜻하게 만들고 혈액순환을 도와 겨울철의 면역력, 즉 양기를 더욱 높여주는 기능을 갖춘 식품이라고 할 수 있다. 그런 의미에서 십전대보탕 김치는 환절기와 겨울철에 보약의 효과를 상승시켜 감기 몸살 등 겨울성 질환 예방에 효과가 큰 식품이다.

나는 이 같은 대전제 아래 세계적인 식품이 된 우리 전통 김치에 보약을 가미하고 천일염과 발효소금, 죽염을 사용해 더욱 고급화되고 기능화한 십전대보탕 김치를 담가보기로 했다. 막상 담그기 전에 걱정이 없는 것도 아니었다. 한약재의 약성 때문에 김치의 맛이 달라지거나 써서 못 먹게 될까 기대 반 걱정 반이었다.

보약 따로 김치 따로 먹으면 될 것을 굳이 보약 김치를 담글 필요가 있느냐는 주위의 의견도 있었다. 그렇지만 보약은 작정하고 일정한 날을 정해 먹어야 하지만, 바쁘고 복잡한 세상에 보약 김치 한 가지로 담가서 먹으면, 날마다 김치를 먹으면서 보약도 먹을 수 있는 편리함이 있을 것이라고 생각했다.

마침내 주부들의 도움을 받아 십전대보탕 김치를 직접 담가 보았다. 물론 소금은 천일염과 발효소금, 죽염 등 세 가지로 담았다.

먼저 십전대보탕을 정성껏 달여 놓고 양념소를 만드는 과정에서 신기한 일이 일어났다. 약재를 다린 시커먼 십전대보탕에 양념소를 넣어 버무리자 강한 약성 때문에 예상했던 대로 씁쓸한 맛이 강했다. 하지만 간을 맞추기 위해 소금을 넣자 갑자기 쓴맛이 없어지고 달짝지근해지더니 뒷맛에서만 약간의 쌉싸름한 맛이 남아 한약재 약성에 대한 염려는 기우였음을 증명해 줬다.

천일염, 발효소금, 죽염의 세 가지 소금으로 각각 김치를 담근 결과, 하나같이 은은한 한약 냄새가 솔솔 나면서도 달짝지근한 특유의 맛이 났다. 여기서 약재의 약을 조절해 계속 김치를 담갔다. 그랬더니 십전대보탕 약재를 조금 진하게 넣은 김치는 조금 쓴 맛이 났고, 적게 넣은 김치는 훨씬 부드러웠다.

약성이 진하게 담근 것은 배추 1포기에 팔물탕 각 약재 18g, 그리고 황기와 계피는 각 15g을 넣었으며, 생강과 대추 각 18g을 넣었다. 이는 보약 4첩 분량이다. 그러나 약성이 부드럽게 느껴지는 김치는 약재의 양을 2분의 1로 줄여 2첩으로 담갔다.

이 두 가지 김치는 공통적으로 일반적인 김치의 맛과 달리 감초와 계피 때문에 달짝지근하면서도 향기로운 맛이 났으며, 먹고 난 후에도 오랫동안 달고 은은한 뒷맛의 여운이 남았다.

김치를 담근 다음 날 다시 맛을 보니 더 은은한 맛이 났으며 계피의 향이 조금 더 진하게 느껴졌다. 뒤늦게 맛이 강해진 것은 계피의 방향성 때문인데, 이런 진한 향이 싫다면 처음 달일 때부터 계피의 양을 조금 더 줄이면 된다.

십전대보탕 김치는 삭을수록 먹고 난 후 더 감칠맛이 남는다. 밥이나 술과 함께 먹으면 달짝지근하면서도 보약 특유의 긴 여운이 남았다. 나이 든 사람들이 좋아하는 그런 은근한 맛이다. 또한 함께 먹는 다른 음식들까지도 다 맛있게 만드는 신기한 마력이 있다. 예로부터 보약을 먹으면 밥맛이 난다고 했던 말의 의미와 상통하는 것이다.

우리나라는 급증하는 고령 인구로 병원과 양약에 대한 건강보험료 부담이 크게 늘어나고 있는데, 이제는 대체의학으로 눈을 돌려 국가적 손실을 줄여야 할 때가 왔다. 그런 의미에서 김치에 보약을 접목한 보약 김치 역시 고령 인구의 질환 예방에 기여하게 될 것이다.

효소 열풍과 함께 시작된 산야초 발효액의 등장으로 사람들은 자연으로 돌아가는 것이 얼마나 중요한가를 알게 되었다. 이 산야초 발효액이 각종 다양한 질환에 중요하고 의미 있는 역할을 해 왔듯이 보약 김치도 자연과 하나됨을 통해 사람들을 건강하게 만들 것으로 믿는다. 그럼 이제부터 본격적으로 보약 김치를 담가 보자.

십전대보탕 김치 담그기

| 준비물 |
사물탕과 사군자탕, 황기, 육계, 생강, 대추

1. 먼저 십전대보탕 한 재를 약 3시간 정도 달인다. 여기에서 한 재는 20첩으로 진한 약성을 원할 경우이고, 약성이 적은 김치를 원할 경우 1/2첩이나 그 이하로 달이는 것이 좋다. 약재는 이미 달여진 것을 구해 쓰기도 하지만 제대로 독성을 제거해서 법제한 약재가 귀하기 때문에 동의보감 원전原典에 의거해서 본인이 재료를 구해 집에서 직접 법제를 해서 쓰는 방법도 있다.

2. 배추를 소금으로 절여 숨이 죽으면 세 번 정도 깨끗이 씻어 소쿠리에 얹어 놓는다. 물이 빠지면 고춧가루와 마늘, 파, 젓갈 등을 섞어 양념을 만들고, 이것을 배추 사이사이에 발라 완성하는 기본적인 방법을 사용한다.

3. 배추나 무를 절이게 되면 대부분의 미생물은 소금에 의해 죽지만, 염분에 잘 견디는 내염성 세균인 유산균, 즉 젖산균이 살아남아 활동하게 된다. 이 미생물은 염분에는 견디면서 산소를 싫어하는 혐기성으로 공기가 없는 상태에서 발효하기 때문에 김치를 용기에 담을 때, 용기에 차곡차곡 눌러 담아 공기를 빼주는 것이 가장 중요하다.

4. 김치를 용기에 다 담은 뒤에는 공기가 들어가지 않게 절인 겉 배추 잎을 따로 모아 놓았다가 맨 윗면을 잘 덮어야 한다. 김치는 발효 과정에서 pH4.0~3.0이 유지될 때, 피로를 없애주고 칼슘의 흡수를 높이는 다양한 내산성을 지닌 유산균이 살게 된다. 이 유산균이 바로 김치의 맛을 좌우하며, 지방이나 집안에 따라 달라 각각 다른 맛을 내게 된다.

천일염과 구운 소금으로 십전대보탕 김치 담그기

진한 약성을 원할 때 담그는 보약 김치에는 천일염을 사용하며, 구운 소금으로 배추를 절일 경우 800℃ 이상으로 구운 천일염인지 확인한다. 구운 소금 대신 1번 구운 1회 죽염이나 3번 구워낸 3회 죽염을 이용해 배추를 절이기도 한다.
배추가 잘 절여지면 3번 정도 씻어 물기를 뺀 다음 각종 김치 양념에 십전대보탕 한 재를 잘 섞어 양념소를 만들어 김치를 담근다.

9회 죽염으로 십전대보탕 김치 담그기

1. 십전대보탕 약재를 준비한다. 이때 일상적으로 먹는 김치의 경우 배추 10포기에 약재 한 재, 맛보다는 약성을 위주로 하여 김치를 담글 경우는 배추 5포기에 약재를 한 재 준비한다.

2. 9회 죽염으로 김치를 담글 경우는 혹시라도 남아 있을 불순물을 제거하기 위해 배추를 반으로 잘라 3회 죽염으로 10분 정도 살짝 절여 깨끗이 씻어 낸 다음 물기를 뺀다.

3. 물기를 뺀 배추에 9회 죽염을 켜켜이 뿌려 잎이 어느 정도 절여지면 배추를 세워 줄기만 절여지게 한다. 이때 주의할 점은 9회 죽염으로 절인 배추는 씻지 않고 김치를 담그므로 적정 염도를 감안하며 절여야 한다.

4. 배추가 다 절여지면 그대로 소쿠리에 건져 놓고 9회 죽염으로 절인 물과 소쿠리 밑에 빠진 죽염수를 조금도 버리지 않고 모아 여기에 십전대보탕 약재와 배, 양파를 함께 갈아 잘 섞는다.

5. 여기에 고춧가루를 풀고 파, 마늘, 생강 등 각종 양념을 섞어 양념소를 만들어 김치를 담근다. 이때 양념이 배추 잎 사이사이에 골고루 들어가도록 한다. 만약 물김치를 담글 경우는 매운 풋고추를 조금 넣거나 또는 붉은 고추를 조금 섞어 갈아 물을 넉넉히 붓고 죽염으로 간을 한다. 배추의 양이 많고 약재가 적으므로 금기사항이 크게 없어 대부분의 채소를 넣어 김치를 담글 수 있다. 하지만 숙지황이 들어 있으므로 무나 열무는 넣지 않도록 한다.

약용으로 십전대보탕 김치 담그기

약용으로 담그는 십전대보탕 김치는 약성을 높이기 위해 9회 죽염을 이용한다. 이때도 역시 주의할 점은 십전대보탕 성분 중 숙지황의 약성을 없애는 무와 열무는 함께 쓰지 않는다는 것이다. 또한 약성을 이용하기 위해 담그는 김치이기 때문에 되도록 고춧가루를 쓰지 않고 물김치로 담가서 먹는다.

배추 한 포기에 4첩의 약재를 섞어 담그는데 김치 국물이 적으면 약성은 높지만 맛은 덜하고, 김치 국물이 많으면 먹기에 좋아도 약성은 약하다. 따라서 각자 필요와 취향대로 김치 국물의 양을 잡는다.

| 준비물 |

배추 1포기, 십전대보탕 4첩, 9회 죽염, 찰밥, 밤, 마늘

1. 약용 십전대보탕 김치를 담글 때는 9회 죽염을 이용한다. 먼저 배추의 불순물을 제거하기 위해 배추를 반으로 잘라 3회 죽염으로 10분 정도 살짝 절여 깨끗이 씻어낸 다음 소쿠리에 담아 물기를 뺀다.

2. 9회 죽염으로 다시 절이고, 배추는 씻지 않는다. 절인 물을 버리지 않고 모아 십전대보탕 한 재를 우린 약재와 섞는다. 여기에 배와 양파를 갈아 즙만 함께 추가한다.

3. 찰밥 두 수저와 물 2컵을 섞어 믹서기로 갈아 팔팔 끓여 식혀 놓은 다음 2의 내용물을 섞어 9회 죽염으로 간을 한다.

4. 밤과 마늘은 채 썰어 실고추와 함께 배추 포기 사이사이에 넣고 국물을 부어 완성한 다음 잘 익혀서 국물과 함께 먹는다. 칼칼한 맛을 원할 때는 마른고추를 불려 찰밥을 갈 때 함께 넣는다.

허약자를 위한 전복당귀 김치 담그기

여성들이 출산 후 혈이 부족하고 기운이 없을 때 이용할 수 있는 가장 좋은 약재가 당귀다. 당귀에 전복을 넣어 김치를 담그면 병을 앓은 허약자의 빠른 회복을 돕는 약 김치로 먹을 수 있게 된다.

| 준비물 |
당귀, 생전복, 젓갈, 죽염, 배, 고춧가루, 마늘, 쪽파, 멸치젓

1. 당귀, 대추, 생강을 넣고 푹 우려 김치 담글 국물을 낸다.

2. 생전복의 내장을 빼고 칼집을 내어 사선으로 썰어 그릇에 담고, 죽염으로 10분 정도 절인 후 다시 청주를 넣어 골고루 섞는다.

3. 약재를 우려낸 국물이 식으면 고운 고춧가루를 약간 푼 다음, 준비한 전복과 같은 양의 배를 채 썰어 김치 국물부터 먼저 들이고, 이어서 마늘과 생강, 그리고 맑은 젓갈을 넣어 국물 간을 한다.

4. 이 국물에 전복을 넣고 맨 위에 실고추와 채 썬 쪽파를 얹으면 바로 먹을 수 있다. 보관해 두고 먹을 때에는 배의 양을 적게 하고 쪽파를 절여 맨 위에 덮은 후 익혀서 먹는다. 이때는 전복을 좀 짜게 절이도록 한다.

전복당귀 김치 이외에도 약성을 지닌 김치를 담그는 방법에는 여러 가지가 있다. 김치의 기본 재료인 배추와 무, 파, 마늘, 고추, 생강만 사용해서 담가도 높은 항산화성을 지니는데, 여기에 약재를 더하여 김치를 담그면 음식을 통해 자연스럽게 건강을 지킬 수 있게 된다.

링거액과 비슷한 성분의
동치미 김치 담그기

우리의 전통 김치는 죽어 가는 사람을 살리는 데도 사용되어 왔다. 프로판가스와 도시가스가 등장하기 전 우리나라 가장에서 가장 많이 사용했던 연료가 연탄이었다. 이 연탄가스가 금이 간 구들장 틈을 뚫고 새어 나와 잠을 자다가 밤새 죽어 가는 사람도 많았다. 연탄가스에 중독된 사람들은 병원으로 실려 가다가 뇌사 상태에 빠져 4분을 넘기지 못하고 죽거나 반신불수가 되는 일도 많았다.

그러나 이때 미네랄이 풍부한 천일염으로 담근 잘 익힌 동치미 김치 국물을 물과 희석해 먹이면 그 촌각을 다투는 상황에서도 빠르게 청혈을 되살려 대부분 목숨을 건질 수 있었다. 이것은 동치미 국물이 현대의학에서 사람이 죽어 갈 때 청혈을 되살리기 위해 가장 많이 사용하는 링거액과 비슷한 역할을 한 것으로 볼 수 있다. 물과 희석한 동치미 김치 국물이나 링거액 모두 사람의 체액과 비슷한 0.9%의 소금물이기 때문이다.

하지만 미네랄이 없는 소금인 정제염을 희석해 죽어 가는 사람에게 먹이면 오히려 죽음을 더욱 재촉할 수 있다. 이처럼 김치 국물이 담근 소금에 따라 죽어 가는 사람이 살 수가 있고 또 그렇지 못하기도 하는 것은 소금에 함유된 미네랄 함유량에 따라 해독력에 큰 차이가 있기 때문이다.

동치미 김치를 9회 죽염으로 담근다면 이온화작용이 더 빠르기 때문에 죽어 가는 사람을 더 빨리 회생시킬 수 있다. 실제로 운동을 과도하게 하다가 땀을 많이 흘려 쓰러진 사람에게 9회 죽염을 물과 희석해 마시게 하면 링거액을 꽂는 것보다 더욱 빠르게 회복한다. 그 이유는 링거액에는 염소와 나트륨, 칼슘과 칼륨 이렇게 네 종류의 미네랄만 함유되어 있지만, 9회 죽염에는 30여 종에 가까운 미네랄이 함유되어 있기 때문이다.

요즘 젊은 층은 과당이 함유된 스포츠 음료를 과다하게 먹어 당뇨 직전 단계인 전당뇨 환자가 속출하고 있어 사회적으로 심각한 문제가 되고 있다. 뿐만 아니라 설탕이 많이 들어간 콜라나 과즙주스, 각종 커피, 과당이 들어간 미네랄 음료, 스포츠 음료 등도 전당뇨 환자를 만드는 원인이 되고 있다.

이를 방지하기 위해서는 인스턴트 음료 대신 생수에 9회 죽염을 소량 타서 마시는 것이 좋다. 죽염에 함유된 각종 미네랄이 혈액을 빠르게 움직여 해독작용을 하고, 과도한 운동으로 오는 탈수, 통풍, 심장마비 등을 예방하면서 갈증을 해소시킬 수 있기 때문이다.

이제 연탄가스를 마신 사람을 살려내는 동치미 김치 담그는 법을 알아보자.

1. 무는 작고 단단한 것으로 준비해 천일염이나 죽염을 뿌려 가며 항아리에 차곡차곡 담아 이틀 정도 절인다.

2. 무에서 잘라낸 무청과 쪽파, 청갓은 깨끗이 씻어서 2~3줄기씩 모아 묶어 걸어둔다.

3. 무가 절여지면 소금물을 만든다. 천일염을 쓸 경우는 미리 녹여 윗물만 따라 준비하고, 죽염의 경우는 신선한 생수에 죽염을 녹여 그대로 사용한다. 이때 차고 깨끗한 생수가 없을 경우는 수돗물을 끓여 식힌 다음 대나무 숯을 하루 정도 넣어 정화시켜 사용한다. 죽염의 재는 그대로 사용해야 김치의 신선도를 오래 유지하게 된다. 그리고 소금물은 약간 짠 듯이 간을 해서 준비한다.

4. 양파망 안에 각종 채소를 넣은 양념 주머니를 준비하고, 껍질을 벗긴 양파에 열십자 칼집을 내어 담는다. 배는 사등분을 해서 씨를 도려내되 배와 대파는 흰 부분만 담고, 생강과 마늘은 편을 내어 함께 넣어 입구를 동여맨다. 이 재료들을 물로 씻었을 경우 소독한 행주로 물기를 제거한 후 담는다.

5. 소독한 항아리 밑바닥에 삭힌 고추를 마른 행주로 잘 닦아 한 켜 깔고, 그 위에 양념주머니와 절인 무를 꼭꼭 눌러 담는다.

6. 묶어 놓았던 무청과 쪽파, 청갓 다발을 맨 마지막에 얹고, 준비한 차가운 소금물을 재료가 충분히 잠길 정도로 천천히 부어준다.

7. 맨 위에는 끓는 물에 소독하여 말려 놓은 돌을 눌러 놓은 후 항아리 입구에 망으로 덮개를 하고 뚜껑을 닫는다. 그리고 햇빛이 들지 않는 서늘한 곳에 보관하며, 3주가 지나 개봉하되 먹을 때 무를 먼저 건져 썰고, 국물은 찬 생수에 희석하여 먹는다.

위에서 언급했듯이 우리 조상들은 무와 소금물을 발효시켜서 위급할 때 사람을 살리는 데 사용하여 왔다. 해독력이 높은 무와 각종 채소가 소금과 함께 발효된 김치 국물은 현대의학에서 사용하는 링거액에 비교할 수 없을 만큼 뛰어난 약성을 지니게 된다.

이처럼 우리가 일상적으로 먹는 김치를 통해 병을 고치는 방법에는 여러 가지가 있다. 우선 항염증, 거담, 항궤양, 진해, 해열, 진통 등의 작용을 하는 김치와 도라지를 이용해 아토피와 천식을 고치는 김치 담그는 법을 알아보자.

암과 염증 환자의 회복을 위한
항염 김치 담그기

항염 김치는 느릅나무와 인동초, 민들레를 끓인 물로 담그는 김치로서 맛보다는 환자의 회복을 위해 먹는 김치다. 이 재료들을 약재의 이름으로 부를 때는 느릅나무는 유근피, 인동초는 금은화, 민들레는 포공령이라 한다.

항염 김치는 마른 약재와 생강, 대추를 감초를 함께 끓여 우려낸 물을 사용하는데, 이때 쓴맛을 줄이기 위해 감초와 대추를 넉넉히 넣어 끓인다. 이 세 가지 약재 중 생채소를 이용하는 것은 민들레인데, 가늘게 채를 썰어 살짝 절인 후 양념에 버무려 배추 포기 사이사이에 넣어 약성을 높인다.

| 준비물 |
배추 3포기(마른 약재 유근피 30g, 금은화 50g, 포공령 50g),
생민들레, 생강, 대추, 감초, 구운 소금이나 죽염, 배, 마늘

1. 유근피와 금은화, 포공령에 생강과 대추, 감초를 함께 끓여
   약성을 우려내는데, 대추와 감초를 적당히 가감한다.

2. 배추를 절여 준비한다. 구운 소금이나 1회 또는 3회 죽염으
   로 절였을 때는 씻어서 물기를 뺀다. 죽염만으로 담글 때는

3회 죽염으로 먼저 10분만 살짝 절인 후 씻어낸 다음 다시 9회 죽염으로 절이고, 푹 절여지면 배추를 씻지 않고 건져서 그 절인 물과 함께 3의 양념을 함께 섞는다.

3. 찹쌀로 풀을 쑤어 약재를 우린 물과 합치고 여기에 고춧가루를 푼 다음 한소끔 두었다가 마늘을 충분히 다져 넣고 소량의 생강을 함께 넣어 양념을 만든다.

4. 생민들레와 배는 곱게 채 썰어 만들어 놓은 양념과 버무려 소를 준비하여 배추 포기 사이사이에 바르고 이것을 켜켜이 충분히 넣어 김치를 담근다.

아토피와 천식 환자를 위한
도라지 김치 담그기

도라지는 감기와 기침, 소화 불량 등 다양한 증상에 약재로 쓰이고 있는 약초이자 반찬거리로 사용되고 있는 식품이다. 동의보감에 따르면 도라지는 성질이 차고 맛은 맵고 쓰며 목과 코, 가슴, 허파의 병을 다스린다고 했다.

도라지에는 인삼에 들어 있는 면역물질인 사포닌 성분이 많고, 다치거나 관절염 등으로 인해 몸 안에 생긴 다양한 종류의 염증에 약효가 있는데, 최근에는 항암성분이 많은 것으로 나타나 각광을 받고 있다.

도라지 김치는 크게 도라지에 각종 양념을 넣어 도라지만으로 담그는 김치와 기존의 김치에 도라지를 넣어 담그는 김치 두 가지로 나눌 수 있다. 도라지로 김치를 담그면 김치 그 자체에서 유산균이 발효를 시키지만 발효를 촉진하기 위해 분말로 된 유산균가루를 넣어 담그기도 한다. 이 유산균가루는 약국 등에서 구입할 수 있는데 값이 그다지 비싸지 않다.

도라지를 직접 소금에 절여 김치 양념을 치대어 김치를 담그는 방법도 있으나 여기에서는 배추를 이용해 면역 김치를 담그는 법을 소개한다.

| 준비물 |

배추, 생도라지, 도라지가루, 배, 무, 마늘, 생강, 파,
천일염 또는 구운 소금이나 죽염

1. 배추를 갈라 잎 사이사이에 소금을 뿌린다. 이때 신장 기능
   이 약한 경우에는 9회 죽염을 이용한다. 도라지 김치는 천
   일염을 사용하는 경우 정제염이나 수입 천일염을 쓰면 김
   치가 물러버릴 수 있으므로 꼭 국산 천일염을 잘 선별하여
   사용해야 한다.

2. 배추 잎이 어느 정도 절여지면 배추를 세워 줄기만 절여지
   도록 한다.

3. 찹쌀풀에 고춧가루, 마늘, 생강, 파 등으로 양념을 만드는
   데, 아토피나 천식이 심한 경우 양념에 도라지가루를 첨가
   한다.

4. 양념소를 만들기 위해 생도라지를 껍질째 깨끗이 씻어 잘
   게 찢은 다음 구운 소금이나 죽염에 살짝 절여 양념에 버무
   린다.

5. 배추 잎 사이사이에 양념과 함께 버무린 도라지를 켜켜이
   넣는다. 이때 폐를 강화시키기 위해 배와 무를 굵게 썰어
   듬성듬성 배추 사이에 넣는다.

6. 완성된 김치를 용기에 담고 윗부분을 꼭꼭 눌러 공기를 뺀
   다음 절인 배추 잎을 덮어 발효시켜 익힌다.

아이들의 경우 너무 매우면 먹지 않으므로 고춧가루를 적게 하여 담
그거나 고춧가루 대신 잘 익은 토마토를 갈아 양념에 넣어 김치를 담
그기도 한다. 위와 같은 방법으로 물 김치를 담가 먹어도 아토피와 천
식에 많은 호전을 가져오게 된다.

심혈관과 각종 암, 당뇨, 고혈압 환자를 위한 약 김치 담그기

1980년대만 해도 우리나라에서 당뇨는 희귀병이었다. 현대인의 질병은 육고기를 통한 콜레스테롤과 당분의 과다 섭취에 그 원인이 있다고 해도 과언이 아니다. 특히 당뇨는 혈관을 녹아내리게 해서 천천히 오는 암이라고 하는데, 실제로 당뇨나 고혈압은 모두 혈관성질환으로 그 뿌리는 암을 앓고 있는 사람과 다르지 않다. 따라서 약 김치는 혈관을 청결하게 하는 쓴맛이 나는 약성 있는 재료를 쓰는 것이 특징이며, 맛보다는 약성으로 먹는 김치이다.

| 준비물 |

현미, 귀리, 배추(말린 곰보배추, 어성초, 대추, 감초), 짚신나물, 마늘, 생강, 젓갈, 대추, 배, 실고추, 천일염 또는 구운 소금이나 죽염

1. 곰보배추와 어성초, 대추, 감초를 약성이 우러나게 푹 끓여 식힌다. 여기에 현미와 귀리로 지은 밥을 넣어 믹서기로 갈아 고춧가루를 풀어 넣고 젓갈과 마늘, 생강을 넣어 양념을 만든다.

2. 배추를 절여 준비한다. 천일염이나 구운 소금 그리고 1회, 3회 죽염으로 절였을 때는 씻어서 물기를 뺀다. 9회 죽염으

로 담글 때는 3회 죽염으로 먼저 10분만 살짝 절인 후 씻어
내고, 다시 9회 죽염으로 절이되 푹 절여지면 배추를 씻지
않고 건져서 그 절인 물을 1과 함께 섞는다.

3. 대추와 배를 채 썰어 실고추와 함께 배추 포기 사이사이에
   넣고 양념을 발라 김치를 완성한다. 이 김치는 푹 익혀서
   먹는 것이 특징이다.

골다공증과 관절염 환자를 위한
약 김치 담그기

뼈에 구멍이 숭숭 생기는 골다공증으로 사망하는 사람의 수는 인구 100명당 3명꼴로 우리나라 전체 유방암 환자 수와 맞먹는다. 골다공증 환자를 약으로 치료하는 경우 간혹 턱뼈가 괴사되거나 고관절에 골절이 오는 부작용도 겪는 사례도 있다. 일상적으로 먹는 김치를 통해 뼈를 보호하고 치료할 수 있는 방법을 찾아보자.

| 준비물 |

배추, 닭발, 홍화씨, 우슬, 마늘, 생강, 붉은 고추, 배, 양파, 비트

1. 닭발은 끓는 물에 데쳐 한 번 버리고, 다시 물을 부어 볶은 홍화씨와 우슬을 넣고 8시간 이상 푹 끓여 약물을 준비한다. 닭발은 연골을 재생하는 콜라겐이 풍부하고, 홍화씨는 뼈를 튼튼하게 하며, 우슬은 무릎을 좋게 하는 약성이 있다. 우슬이 없을 경우에는 닭발과 홍화씨만 끓여 준비한다.

2. 배추를 절여 준비한다. 구운 소금이나 1회, 3회 죽염으로 절일 때는 씻어서 물기를 뺀다. 또 죽염만으로 담글 때는 3회 죽염으로 먼저 10분만 살짝 절인 후 씻어 내고 9회 죽염으로 절이되 푹 절여지면 배추를 씻지 않고 건진다. 그런

다음 절인 물은 닭발과 홍화씨를 끓인 물과 함께 한소끔 끓여 식힌다.

3. 양념을 준비하는데, 마늘과 생강은 다지고 배, 양파와 비트는 채 썰어 배추에 켜켜이 골고루 넣는다.

4. 붉은 고추를 갈아 1의 재료와 합쳐 자박하게 물 김치를 담가 푹 익힌다.

이외에도 각종 질환 치료에 맞는 약재가 되는 식재료를 소로 넣어 약김치를 담그기도 한다. 이때 특이한 향이 나는 약재의 경우 너무 많은 양을 넣으면 먹기가 힘들게 되므로 그 점을 감안해서 김치를 담그도록 한다.

죽염으로
약 김치 담그기

죽염 김치는 일상적인 식사 속에서 김치를 통해 자연스럽게 죽염을 섭취하는 것으로 자신도 모르는 사이에 각종 질병이 호전되거나 치유되며 건강을 지켜주는 좋은 음식물이다.

무 역시 죽염으로 삭히면 우수한 소화제가 되어 위장 등 각종 장기의 상처를 회복시켜 주기 때문에 항상 간편하게 먹는 위장약이라고 할 수 있다.

죽염 김치

무와 배추 각 3kg, 오이 600g을 깨끗이 씻어 물기를 없애고, 무와 오이는 가늘게 썬 다음 죽염가루를 뿌려 절인다. 약 24시간 정도 지난 후 여기에 생강과 대추 각 600g, 감초 400g을 푹 삶은 물에 죽염가루를 타서 조금 짜게 간을 맞춰 붓고, 소를 만들어 담그면 죽염 김치가 완성된다.
죽염 김치는 신장염과 신장암, 방광염, 방광암 등과 간염, 간암, 당남염, 당남암 등의 환자에게 좋다.

죽염 무김치

무 6kg을 깨끗이 씻어 물기를 없애고 썰어 죽염가루를 뿌려 절인다. 약 24시간 정도 지나서 여기에 생강과 대추 각 600g,

감초 400g을 푹 삶은 물에 죽염가루를 타서 조금 짜게 간을 맞춰 버무리면 맛있는 죽염 무김치가 된다.

죽염 무김치는 위암과 위궤양, 위하수, 소화불량, 십이지장암, 대장암, 소장암, 각종 장궤양, 식도암, 식도염 등의 환자에게 효과가 있으며, 각종 질병 예방과 건강 유지에 좋은 해독제 김치가 된다.

죽염 무짠지

무를 가늘게 썬 후 죽염가루를 적당히 뿌려 짜게 해서 담그며, 약 1시간 정도 지나면 먹을 수 있다.

죽염 무짠지는 모든 질병에 효과가 있으며, 특히 위암과 위궤양, 위하수, 위경련, 식도암, 식도염 등의 소화기 계통 질환에 효과가 크다.

자연발효 황태

방사능과 수은으로 인해 생선 먹기가 힘들어졌다. 이럴 때 생각 나는 것이 황태黃太다.

공해와 방사능의 걱정이 전혀 없었던 1960년대에 인산 김일 훈 선생은 황태가 사람의 몸속에 쌓인 모든 종류의 화독火毒을 푸 는 해독약이라면서 사람들에게 집안에 항상 황태 대여섯 마리를 걸어두고 위급할 때 쓰라고 일러주곤 했다. 선생은 생전에 쓴 〈신 약본초〉라는 책에서 황태를 핵폭탄 피해자나 연탄독, 지네독, 광 견병, 농약 독성 치료에 있어서 그 효능은 신이 따를 수 없는 특효 약이라고 정의했다. 당시 아무도 황태가 약이 되리라고 생각조차 하지 못할 때, 연탄가스 중독이나 독사, 농약 중독은 사람들을 위 협하던 큰 문젯거리였다. 그때 선생이 사람들에게 꼭 필요한 처방 으로 제시한 것이 바로 '황태요법'이었다.

방사능과 수은으로 인해 생선 먹기가 힘들고 잔류농약, 화학 물질 등으로 인해 현대인들의 건강이 위협받으며 해독의 중요성 이 강조되고 있는 오늘날, 선생의 선견지명과 혜안에 대해 달리 생각하게 된다.

황태요법은 간단하다. 바로 황태를 진하게 달여 매일 마시는 것 이다.

황태는 동지 무렵 우리나라 동해안에서 명태를 잡아 역시 동해안에서 한겨울 햇빛에 말린 자연발효 식품으로 생태生太나 동태凍太가 아닌 마른 명태, 즉 황태黃太를 약으로 써야 한다. 지금은 거의가 러시아 해역에서 잡은 것을 동해안에서 말리고 있지만, 이제는 이것이라도 약으로 쓰는 수밖에 없다. 그럼 왜 하필 겨울 햇빛에 말려야 약이 될까.

황태는 가장 추운 겨울에 햇빛에 말린 것이라야 약성이 더 우수하다. 추운 날 밤에 꽁꽁 얼었다가 낮에 햇빛을 받아 녹을 때 그 햇빛의 힘에 의해 약 성분이 명태 속으로 침투해 들어간다. 내장을 빼낸 명태를 영하 10℃ 이하의 기온차가 심하며 바람이 세게 부는 추운지역에서 낮에는 녹이고 밤에는 꽁꽁 얼린다.

이렇게 12월부터 이듬해 4월까지 약 4~5개월 동안 얼렸다 녹이기를 반복하면 계속 자연발효가 되어 생태에서 황태로 변해 가는데, 다음 해 여름을 넘기고 나면 더욱 숙성되어 살이 노랗고 솜방망이처럼 연하게 부풀어 고소한 맛이 나는 황태가 된다.

황태는 지방 함량이 2%로 콜레스테롤은 거의 없는 데 비해 단백질이 56%나 되는 건강식이다. 황태에는 현대인의 공해에 찌든 독을 해독하고 과음과 피로한 간을 보호해 주는 메타오닌 등 아미노산이 풍부하며 각종 암과 난치병을 완화시키는 매우 뛰어난 식품이다.

이것만 봐도 황태는 태양과 바람의 기운, 미생물이 만들어 낸 효소 등 자연발효의 힘으로 만들어진 약성식품이 아닐까 싶다.

공해 독을 없애기 위해서는 황태를 진하게 달여 매일 마시는 것
이 좋고, 황태를 이용한 무찜이나 맑은 국 종류도 좋다. 황태를
넣어 끓인 시레기국은 대장암 환자에게 좋다.

황태는 해독작용은 높으나 그 성질이 차기 때문에 황태국을 끓일
때는 따듯한 성질을 가진 콩나물이나 무 또는 미역을 넣어 끓이
는 것이 좋다. 평소 두통이 있거나 약을 많이 먹어 몸에 독이 많을
때도 좋고, 단식을 할 때도 황태 삶은 물을 이용해 관장을 한다.
단식이 끝난 후에는 황태 삶은 물을 마시거나 약간 된 죽을 만들
어서 간장에 찍어 먹으면 몸속의 독이 없어지고 위가 편하며 몸
이 가벼워지는 것을 느낄 수 있다.

우리 몸에 약이 되는

간장과 된장

자연치료제,
간장과 된장

그 옛날 병원과 항생제가 없던 시절, 간장과 된장은 각종 질병 치료에 가장 유용하게 사용된 식품이다. 실제로 오래된 간장과 된장은 질병 치료에 있어서 그 유용성이 인정되어 왔다.

상처가 났을 때 갓 담은 된장을 바르면 덧이 나는 등 부작용을 겪게 된다. 하지만 오래된 묵은 된장은 인고의 세월 속에서 계대배양이 되어 살아남은 유익균의 강력한 살균작용으로 상처를 아무 부작용 없이 아물게 했다. 특히 묵은 간장은 체내에 들어가면 빠른 해독작용을 하기 때문에 예전에는 감기에 걸려 몸살이 나면 따끈한 물에 묵은 간장 한 수저를 타서 먹고 땀을 푹 내면 거뜬히 회복되곤 했다.

전통 장류는 예로부터 약성이 있는 식품과 결합해 치료제로 사용되기도 했다. 몸에 특정 질병이 있을 때면 그 질병과 증상에 맞춰 오가피나 구기자 등 각종 약재를 우려낸 물에 메주로 간장과 된장을 담근다. 특히 몸에 잘 낫지 않는 종창이 있을 경우 유황오리와 유근피를 끓여 기름을 완전히 걷어낸 물에 콩으로 만든 메주로 간장과 된장을 담그기도 한다. 이때 장을 담그는 메주는 일반 메주콩으로 만들어 사용하기도 하지만, 일반 콩보다 약성과 해독력이 10배 정도 높다고 알려진 서목태鼠目太, 즉 쥐눈이콩으로 메주를 만들어 담근다.

2011년 식품의약품안전처는 우리나라의 장수마을인 충북 영동군 토항마을과 강원도 춘천시 박사마을 거주자 40대 이상 25명과 수도권 40대 이상 44명의 장내 미생물 분포를 분석했다. 그 결과 장수마을 거주자에게는 건강에 도움 되는 장내 선옥균 중의 하나인 유산균 비율이 도시 거주자에 비해 3~5배 이상 높다는 것을 발표했다. 이에 비해 도시 거주자는 장내 해로운 유해균이 비교적 높은 분포를 보였고, 장수마을 거주자에게서는 유해균이 거의 검출되지 않았다.

이 연구에서 채식과 함께 전통 장류를 먹고 지내는 장수촌 거주자는 전체 장내 세균 대비 유익균인 락토코커스가 0.1%였다. 하지만 도시 거주자는 전체 장내 세균 대비 0.02%밖에 되지 않아 장수촌 거주자가 도시 거주자에 비해 유익균 락토코커스가 5배나 높은 것으로 나타났다. 또 유익균인 락토바실러스균은 장수촌 거주자가 장내 전체 세균 대비 1.355%인 반면 도시 거주자의 경우 0.56%로 장수촌 거주자의 장에는 락토바실러스균이 도시 거주자에 비해 2.4배나 높은 것으로 밝혀졌다. 반면 유해균으로 알려진 살모넬라 엔테리카균은 도시 거주자에게 소량 검출됐지만 장수촌 거주자에는 나타나지 않았다.

식약처 관계자는 이에 대해 장수촌에서 채소 위주로 김치나 된장 등 발효 식품을 더 많이 섭취하기 때문에 건강에 좋은 유산균이 많은 것으로 보인다고 말했다. 즉 콩을 위주로 만드는 전통 장류가 채식 위주의 식생활에 영양 보충과 더불어 좋은 유익균을 장내에 살게 하여 장수하게 한다는 것이다.

죽염 간장과 된장
담그기

죽염 간장은 쥐눈이콩으로 메주를 쒀서 여기에 일반 소금 대신 죽염을 넣어 발효시킨 간장이다.

1. 쥐눈이콩 20ℓ를 푹 삶아 따뜻할 때 잘 발효된 메주가루를 조금 섞어 모양을 만들어 짚으로 엮거나 양파망에 넣어 매달아 메주를 띄운다. 잘 발효되면 가루로 부수어 장을 담그기도 한다.

2. 이렇게 먼저 띄운 메주는 14시간 동안 바짝 말려서 분말로 만든다. 메주를 분말로 만들어 7일에서 20일 정도 발효시키면 간장을 뜰 수 있지만, 통메주로 만들어 담그면 30일 정도 지나야 한다.

3. 분말로 만든 메주가루에 계피인 육계肉桂가루 300g과 감초가루 110g, 죽염가루 12kg을 잘 섞는다.

4. 생수 40ℓ를 팔팔 끓이고 식혀서 메주가루와 계피가루, 감초가루, 죽염가루를 함께 간장독에 넣고 발효를 시킨다. 앞서 언급했듯이 메주를 분말로 만들어 사용하면 7일에서

20일, 통메주로 만들어 담그면 30일 정도 지나서 간장을 뜰 수 있다.

5. 간장을 뜰 때에는 양이 반드시 2ℓ 이상 줄어들도록 푹 끓인 후 두고두고 사용한다. 간장을 뜨고 난 찌꺼기는 삼베자루로 걸러서 된장을 만든다.

죽염 간장은 이렇게 가정에서 담가 두고 국이나 반찬에 넣어 먹으면 공해로 인한 각종 독의 해독 및 현대병의 예방과 치료에 좋다. 특히 죽염 간장은 죽염에 비해 해독작용이 강하며 각종 암과 피부병, 습진, 무좀, 축농증, 중이염은 물론 위궤양, 십이지장궤양 등에 뛰어난 효과를 나타낸다.

죽염 간장을 뜨고 난 찌꺼기로 만든 죽염 된장은 가정에서 일반 된장을 만드는 방식으로 담그면 된다. 죽염 된장도 죽염 간장과 마찬가지로 각종 질병의 예방 및 치료에 도움을 준다.

한편 즉석으로 된장을 담글 경우 맑은 멸치젓이나 까나리액젓 1ℓ에 청국장 500g, 여기에 당분 함량이 50% 되는 액상 발효액을 알맞게 섞으면 된다. 대추나 감을 발효하여 만든 액상 발효액이 깊은 맛을 낸다.

약고추장
담그기

1. 고춧가루 1.2kg으로 담글 경우 메주가루나 청국장가루를 600g 준비한다.

2. 고추장 담글 조청물을 준비해야 하는데, 재래조청 1.5kg에 곶감이나 매실청 또는 찹쌀가루를 풀어 팔팔 끓여 사용한다. 이때 약재가루를 함께 넣어 만들기도 한다.
직접 조청물을 만들 경우 엿기름 900g을 미지근한 물에 2시간 넣었다가 손으로 잘 문질러 채로 고운 물만 여러 번 걸러낸다. 이렇게 해서 30분 정도 두면 무거운 성분은 가라앉게 되는데, 맑은 윗물만 따라 내어 40℃ 정도 되게 한 다음 찹쌀가루나 찰밥을 넣으면 삭아지게 된다.
찹쌀이 어느 정도 삭았을 때 약재가루를 넣어서 오래 끓여 조청물을 준비한다. 이때 인삼이나 백출 또는 당귀가루 등의 약재를 넣기도 하는데, 이 약재 대신에 마늘을 구워 잘 으깬 다음 함께 끓여 약고추장을 만들기도 한다.

3. 큰 용기에 2의 조청물과 고춧가루, 메주가루(또는 청국장가루)를 넣는데, 고운 채에 걸러 가며 넣는 것이 좋다.

4. 여기에 죽염이나 구운 소금 또는 분쇄기로 곱게 간 천일염을 넣어 간을 한다. 소금은 처음부터 많이 넣지 않고 조금씩 넣으면서 이따금 주걱으로 잘 저어 준다. 이때 하루 정도 주걱을 높여가며 고추장을 저어주게 되면 고추장이 공기가 닿아 고운색이 나게 된다.

5. 다음 날 항아리에 고추장을 담는다. 이때 윗부분에 소금을 충분히 뿌리고 뚜껑만 살짝 덮어 놓았다가 3~4일 후 한 국자 정도의 재래식 국간장을 끓여 부으면 꽃가지가 피지 않게 된다. 이후 면천으로 봉하여 숙성시킨다.

한편 즉석으로 고추장을 담글 때는 멸치젓이나 까나리액젓 1ℓ에 곱게 갈은 고춧가루 500g, 청국장 250g에 당분 함량이 50% 되는 액상 발효액을 알맞게 섞어 만든다. 이때 감칠맛이 나는 즉석 고추장을 만들기 위해서는 붉은 고추로 만든 액상 발효액이 있으면 적당히 잘 섞어 주면 된다.

고추장에 넣는 소금은 많은 양이 들어가지 않으므로 천일염보다는 인체에 유해한 활성산소를 제거하는 구운 소금이나 죽염을 사용해도 큰 부담이 없다.

청국장
담그기

청국장은 청나라 군인들이 단백질 보충을 위해 가루로 만들어 말안장 밑에 놓고 먹은 것에서 유래한 이름이다. 우리나라에서는 짚을 이용하여 콩을 발효하는 풍습이 전해져 내려왔는데, 청국장이 잘 띄워지면 여기에 마늘과 고춧가루, 소금을 넣어 다시 발효하여 먹는 방법을 사용했다.

양념을 넣어 냉장고에서 2차 발효한 청국장의 혈전용해능력은 낫또에 비해 3~4배 이상, 전통 된장에 비해 무려 10배 정도 높다고 알려져 있다. 짚에 띄운 청국장에 죽염으로만 간하여 2차 발효하면 보존기간을 더 늘려 섭취할 수 있다.

　　일본 낫또는 냉장고에서 꺼낸 후 5일 내지 10일 정도 되면 암모니아 맛이 나는 데 비해 죽염으로 짭짤하게 간해 2차 발효한 청국장은 30℃ 이하에서는 한 달 이상 보관도 가능하다.

청국장은 야생 미생물인 바실러스Bacillus균이 메주콩의 단백질을 소화시키면서 만들어 내는 효소 식품이다. 우리 몸속에 들어가면 장내 부패균의 활동을 억제하고 부패균이 만드는 발암물질이나 암모니아, 인돌과 같은 발암촉진물질을 감소시키며 유해물질을 흡착해서 몸 밖으로 배설시키는 역할을 한다. 또한 발효되는 과정에서 스스로 단백질과 단당류가 체내에 흡수되기 쉽게 분해가 되어 있어 허약한 환자의 회복에 큰 도움을 주는 식품이다. 따라서 항암이나 항생제로 인해 대장 기능의 약화로 면역력이 크게 떨어져 있을 때 이를 가장 빨리 회복시킬 수 있는 식품 중의 하나다.

청국장의 주재료는 백태이지만 더 해독력이 높은 쥐눈이콩을 이용해 청국장을 만들기도 하고, 백태에 작두콩을 넣어 만들기도 한다. 콩은 필수아미노산 총 9개 중 8개를 함유하고 있는 최고의 식품으로 나머지 1개의 필수아미노산은 밥만 먹어도 채울 수 있다. 따라서 식사를 할 때 청국장을 먹으면 피를 탁하게 만드는 고기를 먹지 않고도 단백질의 필수아미노산을 완벽하게 섭취할 수 있게 되는 것이다. 특히 청국장은 중성지방을 형성하지 않기 때문에 비만을 걱정할 필요가 없으면서도 건강을 유지할 수 있어서 다이어트에도 유용하게 이용할 수 있는 식품이다.

청국장에 들어 있는 고초균은 그 포자가 끓이거나 얼려도 소멸되지 않고 좋은 환경이 되면 다시 살아나는 특성이 있기 때문에 대장 건강을 좋게 하고 면역력을 높이는 데 매우 뛰어난 식품이다. 그러나 150℃가 되면 포자도 죽게 되기 때문에 청국장을 끓일 때는 모든 채소가 익고 난 후 마지막으로 청국장을 넣고 한소끔 끓으면 바로 불을 끄고 먹는 것이 좋다.

또한 1차 발효가 끝난 청국장은 전기밥통의 뚜껑을 조금 열고 보온 기능에 반나절 정도 두었다가 어느 정도 꾸들꾸들해지면 채반에 골고루 펼쳐서 말려 가루로 만든 다음 식사할 때 한 수저씩 먹으면 좋다.

1. 콩은 물을 갈아가며 12시간 정도 불리는데 추운 겨울의 경우 좀 더 시간을 늘린다.

2. 콩을 삶기 직전에 먼저 59℃ 정도의 물에 콩을 넣으면 불기 시작하는데, 한 시간 정도 불린 다음 즉시 압력솥에 콩과 같은 양의 물을 넣고 불을 세게 해서 끓여야 한다. 추가 흔들리면 센 불에서 5분 정도 끓인 다음 약하게 해서 30분 정도 더 끓인다. 이후 불을 끈 후 압력솥을 열지 말고 그대로 두었다가 솥이 약간 따스할 때 콩을 꺼낸다.

3. 이제 발효를 시키는데, 날씨가 더울 경우는 시루나 스티로폼 통에 볏짚을 넉넉히 깔고 삶은 콩을 넣은 다음 다시 볏짚을 얹고 뚜껑을 덮는다.
   날씨가 추울 경우는 바닥이 40~45℃ 되는 온돌방이나 전기장판 위에서 이불을 덮어 발효시킨다. 전기발효기를 사용할 경우 면보에 콩을 담고 짚을 군데군데 꽂아 발효시킨다. 볏짚이 없는 경우 채반 위에 삶은 콩을 얹고 청국장가루를 골고루 섞은 후 면수건을 덮어 발효시키기도 한다.

4. 2~3일이 지난 후 제대로 발효되면 꺼내 소금과 마늘, 고춧가루를 넣어 2차 발효를 한다. 마늘과 고춧가루를 넣지 않고 죽염으로만 짭짤할 정도로 간하여 2차 발효를 하는 경우 보통 1달 정도 보관이 가능하다. 주의할 점은 사용하는 볏짚에 농약이 묻어 있으면 안 되기 때문에 반드시 친환경

벼농사로 지은 볏짚이어야 한다. 또한 발효를 할 때 자주 열어 보지 않아야 하며 청국장 발효 냄새가 날 때까지 인내해서 기다렸다가 열어야 한다.

1차 발효를 한 후 고춧가루, 마늘, 소금과 함께 각종 견과류와 액상효소를 섞어 2차 발효를 시키면 더욱 맛있는 청국장을 만들 수 있다. 이때는 보존 기간이 짧으므로 며칠 냉장실 숙성 후 냉동실에 넣어 두고 먹기 전날 냉장실로 놓았다가 요리한다.

한편 즉석 청국장을 담글 때는 먼저 맑은 멸치액젓이나 까나리액젓 500g에 청국장가루 500g을 섞는다. 과일 액상 발효액을 추가로 넣어 점도를 맞춘 다음 마늘과 고춧가루 적정량을 잘 섞으면 다음 날부터 청국장 찌개를 끓여 먹을 수 있다.

낫또
담그기

세계 장수국가 중 하나인 일본은 지난 1994년에 매년 7월 10일을 '낫또의 날'로 공식 선포했다. 일본 정부는 낫또가 대장을 건강하게 만들어 국민의 의료비를 획기적으로 줄이고 평균 수명을 늘리는 데 큰 일조를 하고 있다는 것을 인정했다. 그래서 낫또에 한해서 만큼은 세금을 최소화하여 아주 저렴한 가격으로 낫또를 전 국민이 먹게 하고 있다. 실제로 일본에서는 낫또를 직접 만들어 먹는 가정이 거의 없다. 그 이유는 국가가 이처럼 낫또의 보급을 전폭적으로 지지하고 뒷받침하고 있기 때문이다.

우리나라 청국장에는 다양한 유익균이 살아 있어 매우 특이한 냄새가 나지만, 일본 낫또는 콩을 삶아 정제된 바실러스 배양균을 넣기 때문에 별다른 냄새가 나지 않는다. 그래서 청국장 냄새를 싫어하는 아이들도 잘 먹는다.

낫또는 무엇보다 장이 나쁜 사람에게 좋은 식품이다. 낫또에는 죽은 피가 뭉쳐진 혈전을 용해시키는 유효 성분인 낫또키나제Natto kinase와 다양한 생리활성물질이 들어 있다. 그런데 이 낫또의 생리활성물질은 청국장보다 약해 섭씨 65℃면 파괴되기 때문에 가열하지 않고 생으로 먹어야 효과가 있다.

그렇다면 우리 가정에서도 낫또를 직접 만들어서 먹어 보자.

1. 콩은 물을 갈아가며 12시간 정도 불리는데 추운 겨울의 경우 24시간 불리기도 한다.

2. 콩을 삶기 직전 먼저 59℃ 정도의 물에 콩을 넣어 1시간 정도만 불린다. 그리고 압력솥에 콩과 같은 양의 물을 넣고 센 불로 끓이면 콩이 고열에서 물을 최대한 머금으면서 순식간에 삶아지게 된다. 이때 압력솥에서 삶지 않고 발효기의 '삶기 기능'으로 삶으면 물을 데우는 데 시간이 많이 걸려 더 불지 못하기 때문에 끈적끈적한 진이 많이 나오는 낫또를 만들 수 없다.

3. 추가 흔들리면 센 불에서 5분 정도 끓인 후 약한 불로 30분 정도 더 끓인다. 이후 불을 끈 뒤 압력솥을 열지 말고 그대로 두었다가 약간 따스할 때 콩을 꺼낸다. 미리 압력솥을 열어 식히면 그사이 잡균이 침입하기 때문에 주의한다.

4. 약간의 온기가 있을 때 콩의 물을 뺀 후 바닥이 40~45℃ 되는 온돌방이나 전기장판 위에 끓는 물이나 죽염수로 소독한 스티로폼 통이나 타파 통에 채반을 깔아 놓는다. 여기에 삶은 콩을 넣어 낫또 종균이나 생낫또를 재빨리 섞는다. 그 위에 소독한 면수건에 낫또 종균이나 생낫또를 살짝 묻혀 덮고 뚜껑을 닫은 뒤 이불을 덮어 발효시킨다.
전기 발효기를 이용할 경우, 습기가 많으면 잘 발효되지 않기 때문에 채반을 깐 위에 콩을 넣고 같은 방법으로 발효를

한다. 어떤 방법의 발효든지 온도와 습도에 따라 발효 시간
은 다르며, 보통 15~28시간이 걸리기 때문에 습하지 않은
날씨에 만드는 것이 좋다.

5. 종균이 없어도 솥에서 삶은 콩은 뚜껑을 열자마자 곧바로
   발효를 시작하는데, 이런 환경이 주어지면 콩은 어느 정도
   의 진이 생기는 낫또로 만들어진다. 생낫또는 시중에서 구
   입해 냉동실에 넣어두었다가 만들기 전에 꺼내 아주 소량
   만 종균으로 사용하거나 또는 미리 만든 낫또를 종균으로
   이용하기도 한다.
   낫또는 만드는 데 사용하는 용기를 끓는 물이나 죽염수에
   닦아 철저히 소독하지 않으면 실패하기 쉽다.

6. 완성된 낫또는 진이 많이 나올수록 성공률이 높은 것인데,
   이것을 작은 용기에 나누어 담아 냉동실 보관하고 하루 전
   에 먹을 양만큼만 냉장실로 옮겨 놓고 먹는다. 낫또는 청국
   장과 달리 냉장실에 오래 보관하면 맛이 떨어진다. 따라서
   냉장실 보관은 최대 7일을 넘지 않도록 한다.

낫또는 비록 일본에서 개발되어 널리 알려진 식품이지만 우리나라
국민 가운데 청국장을 먹지 못하는 사람이 많기 때문에 이 낫또를 국
민 건강을 위한 효소 식품으로 적극 활용하는 것이 필요하다. 낫또는
수술 후 회복기의 환자들에게 좋으며, 9회 죽염으로 담근 죽염 간장
을 이용하면 더욱 빠른 회복을 도울 수 있다.

술
과
식
초

전통 약초 술
담그기

1. 20ℓ 크기의 항아리를 끓인 물로 헹군다. 항아리 안쪽이 마르면 안동소주 같은 전통주나 9회 죽염을 끓여 식힌 물에 20% 농도로 희석해 뿌리고 소독한 마른 행주로 깨끗이 닦아 준비한다. 이때 간장이나 된장 등의 장류를 담았던 항아리는 쓰지 않는다.

2. 전통주를 만들 때는 우선 찹쌀을 씻어 3~4시간 정도 불린다. 찹쌀은 하얗게 잘 깎인 것으로 사용하고, 여러 번 깨끗이 씻어 헹궈 낸 다음 불린다. 현미나 오곡을 이용해 술을 담글 때는 6~8시간 동안 물에 불리며, 날씨가 더울 경우 현미가 상하기 쉬우므로 2시간마다 깨끗한 물로 갈아주어야 한다.

3. 고두밥을 지을 때는 처음부터 높은 온도로 찐 다음 차츰 중불로 푹 찐다. 전통주는 기본적으로 쌀이나 찹쌀을 주재료로 쓰며, 주재료의 가공 방법에 따라 맛이 달라진다.
   젖은 면 보자기를 깐 찜통에 불린 쌀이나 현미, 잡곡을 안치고, 김이 골고루 올라오면 10분 정도 센 불에서 찌고 약한 불로 30분 정도 더 찐다.

4. 불을 끄고 10분 정도 뜸을 들인 후 큰 대야에 고두밥을 쏟아 식힌다. 현미나 잡곡은 흰 찹쌀보다 찌는 시간이 10분 정도 더 걸린다. 만일 고두밥을 짓지 않고 쌀을 가루로 내어 백설기나 구멍떡을 만들어 술을 만들 경우, 방앗간에 가서 쌀을 분쇄할 때는 소금을 넣지 않도록 당부한다.

똑같은 곡류라도 고두밥을 짓거나 백설기, 구멍떡을 만들어 담그면 술맛이 달라진다.

5. 누룩은 술을 담기 전에 쌀의 양과 비례해서 1/5 정도를 준비하여 미리 갈아 통풍이 잘 되는 곳에 준비했다가 식힌 고두밥이나 백설기 또는 구멍떡과 섞는다. 그리고 펄펄 끓여서 식힌 물이나 약초물, 과일즙을 조금씩 섞어 주는데, 누룩이 고두밥에 잘 접종되도록 따스한 체온이 있는 손으로 오랫동안 주물러 주는 것이 좋다.

백설기나 구멍떡의 경우 미리 물에 잘 주물러 풀어낸 다음 누룩을 섞으며, 약초물로 술을 담글 때는 누룩을 조금 더 추가한다. 이때 누룩 외에 인삼가루를 더 넣으면 인삼주가 되고, 홍화씨가루를 넣으면 홍화주가 되며, 복분자나 단단한 열매 또는 먹을 수 있는 식용꽃을 넣어 담기도 한다. 현미나 잡곡으로 담글 때는 곡식 재료의 1/3만 고두밥을 먼저 지어 같은 양의 누룩을 섞는다.

고두밥과 누룩을 합친 양의 물을 준비해 끓여서 식힌 후 누룩이 현미에 잘 접종되도록 오랫동안 치대어 밑술을 담아 1차 발효를 한다.

6. 잘 섞은 술의 재료를 항아리에 담고 술이 담기지 않은 항아리 안쪽은 전통소주나 20%의 죽염수를 스프레이통에 담아 뿌리거나 깨끗한 헝겊에 적셔 잘 닦는다. 술을 담는 항아리는 흙이 항아리 바닥에 닿지 않는 것이 좋으므로 항아리 아래에 장판을 깔고 각목을 대어 5cm 정도 높인다.

  많은 양의 술을 담글 경우 바닥에 자갈을 두껍게 깔아 잡균이 항아리 바닥에 접종되지 않게 해야 한다. 항아리는 한지나 삶아 말린 면천으로 덮어 끈으로 묶어 두는데, 이때 감물을 들인 천을 이용하면 푸른곰팡이가 피지 않아 좋다. 만일 비닐로 밀봉할 경우에는 이쑤시개로 비닐에 숨구멍을 7개쯤 뚫어 놓아야 한다.

7. 3일에서 7일 정도가 되면 1차 발효가 되는데, 기온이 낮은 경우 그 기간이 길어진다. 제대로 된 발효를 위해서는 22~26℃를 안정적으로 유지해야 하므로 외풍이 심한 추운 겨울에 술을 담글 경우 항아리를 방에 들여와 담요를 덮어 준다. 하지만 35℃가 넘으면 술이 끓어 넘치게 되므로 날씨가 너무 더울 때는 술을 담그지 않는다.

  술을 발효할 때 부엌에서 하지 않는 것이 좋은데, 이는 생선이나 음식 냄새가 배어 술맛을 버릴 수 있기 때문이다. 일반적으로 1차 발효 시 소리가 더 이상 나지 않으면 뚜껑을 열어 가스를 한 번 빼 준 다음 저온에 두게 되면 술을 담근 지 20일 정도에 완성된다.

  발효가 다된 술은 위로 기포가 더 이상 올라오지 않을 뿐 아니라 코를 대고 냄새를 맡아도 탄산가스 냄새가 나지 않는다. 이렇게 코를 대어 보지 않아도 술독 안에 성냥불을 켜서 불이 꺼지지 않으면 발효가 어느 정도 된 것이다. 이 때 술독의 위쪽에 맑은 술이 뜨고 지게미는 밑으로 가라앉게 된다. 이것을 걸러 찌꺼기와 술을 분리한다.

이것은 동동주나 막걸리 같은 술이 되는데 이를 가라앉혀 맑은 윗부분을 따라 내거나 또는 저온으로 오랫동안 발효하면 맑은 술이 더 많이 형성된다. 또 증류기를 사용해 소주로 뽑아내면 알코올 도수가 두 배 높은 맑은 전통소주를 만들 수 있다.

8. 현미나 잡곡의 경우 2/3의 곡류를 남겨 놓았다가 고두밥을 쪄서 1차 발효한 밑술과 다시 잘 섞어 2차 발효를 한다.

고두밥의 양이 많으면 고두밥이 바닥에 떡처럼 가라앉아 발효가 잘 되지 않는다. 이때는 대나무를 세로로 쪼개서 끓는 물에 소독을 하고 항아리 가장 아래에 깐 후, 소독한 면으로 대나무를 덮고 그 위에 고두밥을 쪄서 1차 발효한 밑술과 다시 잘 섞은 것을 안치고 2차 발효를 시작한다.

2차 발효에서 보글보글 끓는 소리가 멈추면서 발효 소리가 더 이상 나지 않으면 뚜껑을 열어 가스를 한 번 뺀 다음 통기가 잘 되는 서늘한 곳에 술을 보관하면 담근 지 20~40일 정도에 술을 뜰 수 있게 된다.

발효를 할 때 꼭 유의할 점

발효를 할 때 미생물이 왕성하게 활동하기 전에
미리 열어 보거나 저으면 잡균이 들어가기 때문에
실패할 확률이 높다.

미생물이 왕성하게 활동해 유익균이 늘어나면
그때는 잡균이 들어가도 괜찮다.
그리고 미생물이 왕성한 활동을 할 때는 뚜껑을
꼭 닫아 놓으면 폭발하기 쉽기 때문에 발효가스를
가끔 빼 주는 것이 필요하다.

다량의 약재를 넣어 발효액이나 술을 담글 때는
발효가 잘 되어야 인체에 독성을 입지 않는다.
이것은 누구나 잘 알고 있는 것 같지만 의외로
모르는 사람도 많다.

약초로 담근 것은 최소 1년 이상 충분히 발효해야
안전하게 먹을 수 있다.

신장과 폐를 돕는
오자술 담그기

오자는 구기자, 복분자, 오미자, 토사자, 사상자를 말하며, 사상자 대신에 차전자를 쓰기도 한다. 말린 오자를 35℃의 술에 넣어 담금주를 만들기도 하지만 곡식이나 유기농 설탕을 이용해 술을 담기도 한다. 오자술은 신장의 기능을 도와 생식기 활동을 도울 뿐 아니라 폐를 튼튼하게 하고 정력을 돕는 기능이 있다.

1. 먼저 고두밥을 지어 식힌 다음 고두밥의 1/5 양을 누룩과 섞고, 고두밥과 누룩을 합친 양의 물을 준비해 끓여 식힌 것을 잘 섞는다.

2. 누룩이 고두밥에 접종되도록 오래 주무른 다음에 생약재인 오자를 넣어 적당히 주물러 반죽한다. 고두밥으로 술을 담그지 않고 빠르게 발효되기를 원하는 경우 뜨거운 물과 쌀가루를 2:1로 잡아 살짝 익힌 다음 식혀서 여기에 오자를 넣는다.
이때 가장 나중에 복분자를 넣고 30분 정도 잘 저은 다음 소독된 항아리나 유리병에 담고 면으로 입구를 막은 후 뚜껑을 살짝 덮어 놓는다.

3. 발효가 되기 시작하면 보글보글 끓는 소리가 난다. 이 소리
　 가 적당히 그치면 소독한 막대기로 하루 두 번씩 저어준다.
　 이때 시기를 놓치면 식초가 되므로 좋은 알코올 냄새가 나
　 면 찌꺼기를 걸러 저온창고나 냉장고 또는 김치냉장고에서
　 은은하게 발효시킨다.

한편 설탕을 이용하여 오자술을 담그는 방법도 있다. 일반적으로
1/20의 유기농 설탕만 포도와 잘 섞어 숙성시키다가 식초가 되기 전
저온창고에서 발효시키면 좋은 포도주를 만들 수 있다. 그러나 생약
재인 오자의 경우는 그 방법이 좀 다르다.

　먼저 유기농 설탕을 1/4 정도 잘 섞어 소독한 항아리나 유리 용
기에 담는다. 발효되는 끓는 소리가 어느 정도 멈추게 되면 아침저녁
으로 소독한 막대기나 긴 주걱으로 잘 저어준다. 마지막으로 떠 있는
약재도 모두 가라앉고 맑은 술이 위에 뜨게 되면, 이것을 걸러 온창고
나 냉장고에 보관하여 숙성시킨다.

현미를 이용한
전통 흑초 담그기

식초에는 3~5%의 초산과 유기산, 아미노산, 당, 알코올, 에스테르 등
이 함유되어 있는데, 곡류나 알코올성 음료, 과실류 등을 원료로 하는
양조식초와 빙초산, 초산을 주원료로 하는 합성식초로 나누어진다.

식초는 강한 산성을 띠기 때문에 방부 효과가 있어 식품 저장에
이용되고 의약품으로도 이용되고 있는데, 인류역사상 노벨상을 3번
이나 받은 물질은 식초밖에 없을 것이다.

1945년에는 인체 에너지 발생에 있어서 식초의 초산이 주도적인
역할을 한다는 사실을 발견해 노벨상을 받았고, 1953년에는 식초의
구연산이 피로물질인 젖산의 발생을 방지하고 해소하는 효능을 발견
해 또 받았다. 그리고 1964년에는 식초가 스트레스를 해소하는 부신
피질 호르몬 분비를 촉진한다는 사실을 발견해 노벨상을 받았다.

식초는 우리 몸에 들어가면 몸속에 있는 산성물질을 대사시켜 주고,
몸의 산성과 염기성의 균형을 맞추어 알칼리성으로 작용한다. 특히
영양가가 충분한 현미로 흑초를 만들 경우, 필수아미노산이 일반 식
초의 10배 이상 들어 있고, 다양한 종류의 미네랄이 3배 이상 생기며,
신경전달물질인 가바GABA 성분도 함유되게 된다.

현미로 고두밥을 지어 누룩으로 술을 먼저 담근 후 그 술로 식초
를 만들면 페니실린의 원료인 누룩의 성분도 식초에 함유되어 면역

력을 높이는 식초가 된다. 이렇게 전통 방식으로 만든 식초는 몸속의 피로물질인 젖산을 없애주고 항암력도 높아진다.

이제부터 영양이 풍부한 현미를 이용해 누룩과 함께 술을 먼저 만들어 식초를 만드는 전통적인 현미 흑초를 담가 보자.

현미식초를 담그기 위해서는 먼저 쌀누룩이나 밀누룩이 필요하며, 이 쌀누룩과 밀누룩을 반씩 섞어서 사용한다. 보통 흰쌀보다 현미로 술을 담그게 되면 누룩의 양이 좀 더 많아야 한다.

| 준비물 |

현미 10kg, 누룩가루 4kg, 물 14ℓ

1. 30ℓ 크기의 항아리를 준비한 다음 끓인 물로 안을 헹군다. 항아리 안쪽이 마르면 안동소주 같은 전통주나 9회 죽염을 끓여 식힌 물을 20% 농도로 희석해 뿌린 다음 소독한 마른 행주로 깨끗이 닦는다. 이때 간장이나 된장 등의 장류를 담았던 항아리는 쓰지 않는다.

2. 현미 2kg을 6~8시간 정도 물에 불린다. 여름이나 아파트 실내에서 불릴 경우, 현미가 쉬기 쉬우므로 깨끗한 물을 자주 갈아야 한다.

3. 고두밥은 처음부터 높은 온도로 한참 삶고 나서 점차 화력을 줄여 푹 찌도록 한다. 이때 찜통과 그 위에 얹힌 현미 고

두밥이 담겨 있는 찜기 사이에 수증기가 빠져 나가지 않도록 그 틈새를 밀가루떡으로 막아준다.

겨울철의 경우 잘 발효가 안 되므로 현미를 가루로 만들어 백설기로 푹 쪄서 고두밥 대신 사용하기도 하는데, 이렇게 하면 술이 빨리 만들어지게 된다. 이때 방앗간에 가서 현미를 가루로 만들 때 소금을 넣지 않도록 당부해야 한다. 그리고 현미가루로 백설기를 찔 때 젓가락을 꽂아서 쌀가루가 묻어나지 않으면 다 익은 것이다.

4. 현미 2kg으로 백설기를 만들어 술을 담글 때는 백설기에 펄펄 끓여 식힌 물 4ℓ를 조금씩 추가해 가며 손으로 잘 잘 치대어 죽처럼 만들어야 한다. 이것이 미지근할 때 누룩가루 2kg을 넣고 잘 섞어 항아리에 담는다. 물의 양은 현미와 누룩의 양을 합친 정도로 잡으면 된다.

   현미 2kg으로 고두밥을 지어 밑술을 담글 경우 넓은 대야에 고두밥을 담아 40℃ 이하로 식혀서 누룩가루 2kg을 손으로 골고루 잘 섞는다. 이때 주걱보다 깨끗한 손으로 섞어주는데, 그 이유는 36.5℃의 체온이 현미와 누룩가루의 접종과 발효를 도와주기 때문이다.

5. 고두밥과 누룩가루가 잘 섞이면 펄펄 끓여 식힌 생수 4ℓ를 조금씩 부어가며 치댄다. 고두밥과 누룩이 잘 접종되도록 30분 이상 잘 치대야 하는데, 좋은 술을 만들기 위해 1시간 이상 치대기도 한다.

6. 물에 섞은 고두밥과 누룩을 항아리 바닥에 넣고, 멸균과 잡
   균의 번식을 막기 위해 살균에 사용한 전통소주나 죽염수
   를 다시 한 번 항아리 입구 안쪽에 뿌린다. 항아리 입구에
   살균을 제대로 하지 않으면 곰팡이가 피고 밑술이 잘 되기
   어려워진다.

7. 이렇게 담근 밑술을 3~7일 발효시키는데, 온도는 선선한
   봄 날씨의 온도인 22~26℃ 정도가 최적이다. 발효 기간은
   여름에는 3일, 겨울에는 일주일이 걸리며, 현미 밑술은 날
   씨에 따라 15일까지 걸리기도 한다.
   겨울의 경우 외풍이 심하면 항아리를 방 안에 두고 담요를
   덮어두기도 한다. 날씨가 너무 더워 35℃가 넘을 경우 술이
   끓어 넘치므로 이때는 술을 담그지 않는다. 술 담그기 최적
   온도는 22~ 26℃이다.

8. 밑술을 앉힌 다음 항아리 윗부분에 삶아서 말린 면천을 덮
   어야 한다. 감물로 염색한 천을 덮으면 잡균이 달라붙지 않
   아 더욱 좋다. 그런 다음 그 위에 항아리 뚜껑을 살짝 덮어
   놓는다.

9. 밑술을 담아 놓으면 하루가 지나서 공기방울이 올라오기
   시작하며, 1차 발효 기간은 보통 3일에서 7일 정도 걸린다.
   잘 발효가 되면 술지게미 냄새와 막걸리 맛이 나게 된다.

10. 이제 덧술을 추가하는데, 이는 현미로 고두밥을 추가로 지어 누룩을 소량 섞은 후 1차로 발효된 밑술과 섞어 항아리에 넣어 2차로 발효하는 과정이다. 2차 발효 시 사용하는 고두밥에 누룩을 적게 쓰는 이유는 1차 발효가 되어 있기 때문에 소량의 누룩만 넣어도 잘 발효가 되기 때문이다.

보통 막걸리는 쌀을 곱게 여러 번 깎아 내거나 씻어서 만든다. 그런데 흰쌀의 경우 고두밥을 지어 적은 양의 누룩을 넣어 1차 발효만 해도 잘 발효되어 술을 만들 수 있지만, 배아가 붙어 있는 현미의 경우는 발효가 잘 되지 않는다. 따라서 현미와 같은 양의 누룩을 넣고 1차로 잘 발효시킨 다음 추가로 고두밥과 누룩을 넣고 덧술을 만들어 넣어야 좋은 술이 만들어진다.

11. 밑술이 완성되고 나서 덧술에 넣는 현미는 8kg 정도로 고두밥을 지음 다음 식혀 누룩 2kg에 10ℓ의 물을 부어 손으로 잘 치대고, 밑술을 항아리에서 꺼내 이것과 잘 섞는다. 이렇게 섞은 것을 항아리에 담기 전 대나무를 세로로 반쪽으로 잘라 펄펄 끓은 물에 넣어 소독한 다음 자른 면이 바닥에 가도록 항아리에 깔고 베보자기를 그 위에 덮는다. 여기에 밑술과 섞어 놓은 내용물을 항아리에 담는다. 그리고 항아리 안쪽에 다시 전통주나 죽염을 뿌려 소독한다. 항아리 바닥에 대나무와 베보자기를 깔아 놓는 이유는 현미 고두밥이 바닥에 가라앉아 떡이 되면 공기 순환이 잘 되지 않아 술이 잘 만들어지지 않기 때문이다.

이처럼 8kg의 현미로 한꺼번에 덧술을 담그기도 하지만 이것을 반으로 나누어 4kg의 현미 고두밥과 누룩 1kg을 섞어 덧술로 추가한다. 그리고 나서 좀 발효가 되고 난 후 나머지 4kg의 현미로 고두밥을 지어 누룩 1kg을 섞어 추가 덧술로 넣는 방법을 사용하기도 한다.

12. 이렇게 덧술을 추가하면 술이 다시 발효가 되면서 부글부글 끓는 소리가 나기 시작한다. 이 발효 시기에는 스스로 잘 발효가 되도록 절대로 술에 국자를 넣거나 막대기로 젓지 않아야 한다. 발효 소리는 보통 일주일에서 보름 사이에 그치게 되는데, 이때가 1차 발효가 끝나는 시기이다. 한겨울에 1차 발효를 할 때는 항아리를 천으로 감싸 보온해 준다.

13. 부글부글 끓는 소리가 멈추면서 1차 발효가 끝나면 항아리 안에 산소가 충분히 공급되게 하는 것이 2차 발효이다. 그러므로 펄펄 끓인 물에 소독한 긴 주걱이나 막대로 산소가 충분히 용존되게 하루에 한 번씩 저어준다. 하루에 한 번 저어주지 못하더라도 최소 3~5일 안에 생각날 때마다 저어 항아리 안에 들어 있는 가스가 배출되고 산소가 술 안에 충분히 용존되도록 해야 한다. 이때 공기 중에 있는 초산균도 조금씩 접종된다.
    2차 발효가 끝나는 때는 항아리 밑에 깔아 놓은 대나무가 위에 뜨게 되는 시기이다. 이 기간은 날씨에 따라 다른데 보통 2~4개월 정도이다. 이때 맛을 보면 술과 식초의 중간 단계 맛을 느낄 수 있다.

보통 밑술과 덧술을 담글 때는 날씨가 추울 경우 실내에서 담요로 보온한 상태애서 발효시키기도 하지만, 2차 발효를 할 때는 실내보다는 공기가 좋고 햇볕이 잘 드는 장독대가 좋다.

발효를 시키는 항아리 밑에는 잡균이 침입하지 못하게 풀이 자라지 못하는 자갈을 두껍게 깔거나 장독대 위의 항아리가 5cm 정도 떨어지게 항아리 밑을 목각이나 벽돌로 괴는 것이 좋다. 만약 4개월이 지나도 대나무가 뜨지 않으면 이미 흑초가 된 종초를 조금 넣어야 한다.

14. 대나무가 뜨기 시작하면 소독한 용수(술을 거를 때 사용하는 도구)에 걸러 지꺼기는 버리고 술만 항아리에 담아 낮은 온도에서 숙성시켜야 한다.

흑초는 10℃ 이하의 낮은 온도에서 3개월 이상 천천히 숙성시켜야 제대로 만들어진다. 따라서 2차 발효가 끝나고 3차 발효가 시작되는 시기는 추운 겨울이어야 가장 좋은 흑초를 만들 수 있다. 시기를 잘못 잡아서 날씨가 15℃ 이상이 되면 흑초가 되지 않고 현미식초가 되는 경우도 많다.

겨울 날씨가 너무 따뜻한 경우에는 10℃ 이하의 저온창고에서 3개월 정도 숙성시킨 다음 장독대로 옮겨서 1년 정도 더 숙성시켜야 깊은 맛의 흑초가 만들어진다.

3차 발효를 할 때 초산균이 가장 극한의 상태에서 발효되도록 해야 하며, 공기를 최소한으로 공급하는 것이 중요하다. 그래서 3차 발효를 시작할 때는 항아리 입구를 비닐로 덮고 고무줄로 봉한 후에 그 덮어 놓는 비닐에 5백 원짜리 동전 크기만 한 구멍만 내고, 그 구멍조차도 작은 천으로 덮고 항아리 뚜껑을 닫아 발효시킨다.

흑초를 만들기 좋은 조건을 갖춘 곳은 햇살이 잘 내려 쬐이는 바닷가로 그 기온이 1년 내내 20℃ 이하로 유지된다. 또한 발효 기간 동안 사계절을 뚜렷하게 겪을 수 있는 첩첩산중이면 더욱 좋다. 특히 여름과 겨울의 온도 편차가 50℃ 이상 나면 더욱 깊은 맛을 내는 흑초가 만들어진다.

흑초는 밑술을 담그기 시작하기부터 6개월 정도에서도 만들 수 있다. 하지만 깊은 맛을 내는 흑초는 3차 발효를 1년 정도 충분히 하고, 또 더욱 더 깊은 풍미를 내는 흑초를 만들 경우 3년 정도 숙성시키기도 한다.

약재를 넣어 흑초를 만드는 경우에는 두 가지 방법을 사용하는데, 실패하지 않는 방법은 3차 발효를 할 때 약재를 넣는 것이며, 1차 발효를 할 때 밑술로 사용하는 물로 약초 달인 물을 넣어 발효시킨다.

이렇게 만든 흑초는 물과 희석해 마시는데, 처음부터 많은 양을 마시지 말고 조금씩 물에 희석해 식사할 때 마시도록 한다. 흑초만 먹기 힘든 사람은 매실 발효액을 절반씩 섞어 물을 희석해서 마시면 좋다. 이렇게 해서 차차 흑초에 적응이 되면 소주 한 잔 정도를 물에 희석해 마시는데, 공복에 마실 때는 물을 더 많이 희석해서 속이 아프지 않게 음료로 마셔야 한다.

흑초 만드는 방법을 한마디로 정리하면, 좋은 술을 먼저 만들어야 좋은 흑초를 완성할 수 있다. 그러므로 흑초는 맑은 물과 깨끗한 공기가 있는 곳에서 만드는 것이 좋다.

한편 3차 발효를 하기 위해 걸러내는 찌꺼기는 버리지 않고 비누를 만들어 쓰기도 한다. 이 비누는 약산성을 띠기 때문에 주름살을 개선해 주는데, 고운 찌꺼기에 꿀과 찹쌀가루를 섞어 얼굴의 머드팩을 만들어 사용하기도 한다.

10가지 약재의 법제 방법

십전대보탕에 들어가는 각각의 약재는 약령시장에서
직접 구입하여 가정에서 법제해 사용하자.

당귀 뿌리

찹쌀로 담근 술을 뿌려서 그늘에 말려 사용한다.

천궁 뿌리

프라이팬에 약한 불로 천천히 볶아 증류 성분을 휘발시켜서 사용한다.

백작약 뿌리

싹이 돋는 대가리 부분인 노두蘆頭를 제거하고 술에 담갔다가
말리거나 설사기가 있을 때는 볶아서 쓴다.

숙지황

생지황을 물에 넣어 가라앉은 것만 쓰는데 이것이 지황이다.
이 지황의 즙을 낸 다음 하룻밤 물에 넣어 지황 성분이 많아지게
만들어 사용한다. 그런 다음 찹쌀술을 뿌려 푹 쪄낸 다음
햇볕에 말린다. 이것을 9번 반복하는 것이 좋지만 여의치 않을 때는
1~3번이라도 같은 방법으로 법제한다. 이때 쇠가 닿으면
약 성분이 변하므로 솥에 베 보자기를 깔고 쪄야 한다.

복령

겉껍질을 벗겨 내고 갈아서 위에 뜨는 불순물은 버리고
가라앉은 것을 햇볕에 말린다. 이렇게 하지 않고 그대로 쓰면
눈이 상한다.

인삼

생삼을 구해 노두와 잔뿌리를 자르고 나무칼로 얇은 겉껍질을
벗긴 다음 1cm 두께로 잘라 햇볕에 말린다.
이렇게 법제하면 쓴맛이 사라지고 폐의 진기도 돕게 될 뿐 아니라
기氣가 거꾸로 올라오는 급상역急上逆이 없어지게 된다.

백출

쌀뜨물에 한나절 담갔다가 노두를 제거하고 말린다.

감초

껍질째 잘 씻어 햇볕에 말린다.

육계(계피)

거친 겉껍질을 칼로 살살 벗겨낸다.

황기

폐가 허약할 경우 꿀에 축여서 석쇠에 살짝 구워서 쓰고,
신장이 약할 경우에는 9회 죽염수에 넣었다가 석쇠에
살짝 구워서 쓴다.

대추

씨를 제거하고 살만 사용한다.

생강

속이 차가울 경우 껍질을 잘 씻은 다음 마른 생강을 쓰거나
석쇠에 살짝 구워서 쓴다.

CHAPTER 8

효소야!
자자

효소 제품은 약이 아니지만 때로는 약만큼,
아니 그 이상으로 놀라운 효과를 나타낼 때가 많다.
특히 현대의학으로는 속수무책인 특정 질병에 대해서는
믿기 어려울 만큼 기적적인 효과를 나타내기도 한다.

사람을 살리는
발효효소 제품

효소,
무엇이 사람을 건강하게 만들까

효소 제품은 약이 아니지만 때로는 약만큼, 아니 그 이상으로 놀라운 효과를 나타낼 때가 많다. 특히 현대의학으로는 속수무책인 특정 질병에 대해서는 믿기 어려울 만큼 기적적인 효과를 나타내기도 해서 그럴 때마다 감탄을 금치 못할 때가 한두 번이 아니다.

이 중 아밀라아제와 프로테아제, 리파아제 등이 많이 들어 있는 현미효소의 경우 먹자마자 소화작용을 돕고 영양소가 잘 흡수되어 신체 내에서의 변화를 빨리 실감하게 만든다.

현미효소와 산야초 발효액을 먹으면 영양소가 풍부한 체외효소가 몸속으로 많이 들어옴에 따라 체내효소도 더 많이 만들어지고 대사활동이 활발해지며 장내 미생물의 서식 환경도 좋아져 각종 피부병과 퇴행성질환이 호전된다. 특히 산야초 발효액의 과당과 당분은 신속하게 핏속으로 전달되어 세포의 에너지원으로 작용하기 때문에 힘이 솟게 만들고, 포도당이 곧바로 뇌로 전달돼 신경전달물질을 부활시킨다.

가정에서 담근 산야초 발효액에 효소가 있느니 없느니 말이 많았지만 대체로 발효 조건에 따라 성분은 조금씩 달라도 탄수화물 분해효소인 아밀라아제는 거의 들어 있다. 거기에다 면역력을 높여주는 항암물질인 플라보노이드Flavonoid가 상당량이 검출되는 것으로 이미 확인되었다.

암을 비롯한 각종 난치병과 퇴행성질환으로 고생하는 사람들이 각종 과일과 산야초를 발효시킨 발효액을 만들어 먹으면서 그 질병에서 해방된 사례를 인터넷이나 각종 미디어를 통해 자주 접할 수 있다. 이들은 하나같이 직접 체험한 산야초 발효액의 효과를 신봉하고 있기 때문에 누가 시키지 않아도 서로 다양한 산야초 발효액을 담가 먹거나 주위 사람들에게 적극 권하고 있다. 실제로 산야초 발효액을 담가 오랫동안 먹고 있거나 판매하는 사람들은 대부분 심신이 건강하고 산야초 발효액에 대한 자부심 또한 매우 크다.

그렇다면 산야초 발효액의 약리작용을 떠나 무엇이 이렇게 병을 고치고 사람을 건강하게 만드는 것일까. 그것은 산야초 발효액을 통해 자신의 몸이 자연과 가까워지고 하나가 되어 가기 때문이다.

비교적 오염되지 않는 깊은 산속과 거친 들판의 야생 산야초는 그 자체가 곧 자연의 생명력이다. 우리가 한약을 정성껏 달여서 먹을 때 왠지 마음이 경건해지는 것처럼 산야초 발효액을 담가 먹을 때도 자연에 대한 알 수 없는 경외심을 느끼게 된다.

건강한 흙에 뿌리내리고 자란 산야초 속에 들어 있는 엽록소와 태양 에너지, 약성물질 등은 우리 몸에 영양소뿐만 아니라 자연의 소중함과 감사함을 느끼게 하는 신비롭고 미묘한 의식의 변화를 가져다 준다. 산야초 속에는 자연과 우주가 들어 있고, 산야초 발효액을 먹는 것은 그 자연과 우주의 기운을 먹는 것이기 때문이다.

그대로는 먹을 수 없는 거친 야생 산야초의 약성을 발효라는 과정을 통해 먹을 수 있다는 것만 해도 우리 인간에게는 큰 축복이다.

자연과 우주의 기운을 먹는
산야초 발효액

산야초를 담가 먹는 사람들은 누구나 자연과 생명의 소중함과 감사함을 안다. 그래서 채식의 중요성을 알고 실천하는 경우도 많다. 산야초 발효액을 담그는 사람들 가운데는 자연건강법을 알고 현미 채식을 하면서 건강 전문가가 된 사람이 많은 것도 바로 이 때문이다. 특히 암과 같은 난치성 질환 때문에 산야초 발효액을 처음 접하게 된 사람들은 더욱 그렇다. 이들은 물 좋고 공기 좋은 산속으로 들어가 자연의 소중함을 알고, 현미 채식을 하면서 산야초 발효액을 담가 먹고 건강을 회복하는 경우가 많다.

산야초 발효액은 당분과 비타민, 미네랄 등 미량원소가 풍부해 고른 영양소를 제공하고 에너지원이 되기 때문에 조금만 먹어도 배가 고프지 않아 단식과 절식 효과를 높여 준다. 질병 치료나 건강을 이유로 산야초 발효액을 먹는 사람들은 대체로 단식이나 절식을 병행하는 경우가 많다.

이처럼 단식과 절식으로 몸과 마음을 비우고 자연과 우주의 기운이 담긴 산야초 발효액을 먹다 보면 각종 질병이 물러나면서 건강이 절로 살아나는 것이다.

어려서부터 아토피가 심해 약과 병원 치료를 계속했지만 낫지 않고 부작용 때문에 고생하던 사람이 절식을 하면서 산야초 발효액을 먹고 아토피에서 해방된 사례는 많다. 일정 기간을 정해 정상적인 식사 대신 산야초 발효액을 마시며 단식하거나 절식하면서 몸속의 노폐물을 배출하고 장을 깨끗하게 비워 유익균이 자리 잡게 하면 약으로 고치지 못한 아토피가 낫는 것이다. 이때는 산야초 발효액과 함께 현미 효소를 곁들여 먹으면 더할 나위 없이 좋다. 실제로 교육생들에게 소량의 죽염과 산야초 발효액, 현미효소만을 먹게 하면서 단식 교육을 하는 건강지도자가 많다.

산야초 발효액과 현미효소만을 먹으면서 단식이나 절식을 하면 아토피에만 효과가 있는 것이 아니다. 우리 몸은 피부 따로, 장 따로, 관절 따로 나뉘어 작동하는 조립체가 아니라 모든 기관이 유기적으로 연결되어 있기 때문에 그 어떤 병에 걸리더라도 호전될 수 있다. 즉 암과 고혈압, 당뇨, 아토피, 관절염 등 신체기관의 질병뿐만 아니라 다운증후군, 우울증, 공황장해 등 정신과적인 질환까지에도 효과가 나타난다.

효소 식품의 효과를
높여 주는 절식과 단식

잘 만든 산야초 발효액과 고른 영양을 갖춘 현미효소, 그리고 약간의 죽염을 준비하고 단식이나 절식을 한번 해 보자. 이른바 간헐적 단식도 좋다.

단식이나 절식을 할 때면 먼저 유해균이 많을지도 모르는 장 속을 청소하기 위해 관장을 해 보자. 믿기 어려울 만큼의 고약한 냄새를 풍기는 시커먼 똥물이 쏟아질 것이다. 평소 대변을 잘 보고 색깔이 좋은 사람도 누구나 마찬가지다. 이렇게 한 번 인위적으로 장 청소를 하면 배가 쏘옥 들어가면서 몸이 몰라보게 가벼워진다. 그리고 그때부터 산야초 발효액과 현미효소, 죽염을 먹으며 단식이나 절식을 하면 장 속에 유익균이 자리 잡게 된다.

효소 다이어트 제품을 먹으며 다이어트를 하더라도 단식이나 절식을 하지 않으면 큰 효과를 보기 힘들다. 역시 관장을 해서 장을 깨끗하게 비우고 제품을 먹어야만 확실한 효과를 볼 수 있다.

난치성질환이 있는 사람은 체질을 완전히 바꾸기 위해 9박 10일 정도의 단식이 필요하다. 하지만 단지 다이어트가 목적인 사람은 3박 4일 정도만 체계적인 단식 교육을 받으며 산야초 발효액나 현미효소, 효소 다이어트 제품을 먹으면 누구나 놀라운 변화를 실감할 수 있다.

식사를 평소보다 적게 하고 기름진 음식을 피하며 식사 대신 효소 식품이나 제품을 먹는 절식은 열흘 정도만 해도 충분히 효과를 볼수 있다. 그러나 가급적 시간을 내서 3박 4일 정도의 체계적인 단식교육을 받으라고 권하고 싶다. 장 청소를 하고 산야초 발효액이나 현미효소, 효소 다이어트 제품과 죽염을 먹으며 단식하는 상태에서 받는 교육은 몸과 의식을 바꿔 준다. 몸과 의식이 바뀌면 식습관이 바뀌고, 이 짧은 교육은 일생에 거쳐 큰 영향을 미친다. 본인은 물론 가족과 주위 사람들까지 바꿔 놓게 된다. 시간과 비용이 다소 부담되더라도 충분히 투자해 볼 만한 가치가 있다.

**발효액,
얼마나 먹어야 몸에 좋을까**

산야초나 약초로 담근 술이나 발효액은 한 번에
먹는 분량이 소주잔으로 한 잔을 넘지 않아야 한다.

약술을 커피잔으로 한 잔 정도 먹어도 간의 수치가
높아지고 간경화가 오는 사람이 많다.

모든 약재는 자신을 보호하려는 독성을 갖고 있기 때문이다.

그래서 적당한 양은 약이 되지만 지나치면 독이 된다.

효소 식품과 비만

비만의 원인은
무엇인가

요즘 효소 다이어트 식품에 대한 관심이 뜨겁다. 효소 다이어트의 원리는 단순하다. 인체에 필요한 효소와 비타민, 미네랄, 핵산 등의 영양소를 골고루 섭취하게 함으로써 체내에 쌓인 독소를 배출시키고 신진대사를 원활하게 만드는 것이 디톡스Detox의 원리다.

〈닥터 디톡스〉의 공저자인 대체의학 전문의 최준영 박사는 비만의 원인에 대해 다음과 같이 명쾌하게 정리하고 있다.

디톡스와 비만의 중심에는 세포의 핵인 미토콘드리아가 있다. 살아 있는 세포는 어떤 세포든 그 안에 미토콘드리아가 있는데, 100여 조 개나 되는 각각의 세포마다 기능에 따라 그 숫자가 다르다. 즉 미토콘드리아가 아주 많은 세포도 있고 적은 세포도 있는 것이다.

미토콘드리아는 생명활동에 필요한 에너지를 만들어 내는 기관으로 자동차의 엔진과 같은 곳이다. 엔진에서 동력이 만들어져 바퀴가 굴러가면서 자동차가 기능을 시작하듯이, 미토콘드리아는 우리가 생각하고 움직이는 데 필요한 모든 에너지를 만든다. 단지 자동차가 기름이나 가스를 연료로 사용하는 것과 달리 미토콘드리아는 우리가 먹은 음식물을 분해해서 만든 포도당과 지방산, 아미노산을 땔감으로 사용한다. 이 지방산과 포도당, 아미노산은 장에서 흡수되어 혈액을 타고 돌면서 자신을 필요로 하는 각 세포로 흡수되고, 마지막으로는 이 세포 안에 있는 미토콘드리아로 들어간다.

그리고 이 영양소들은 여러 단계를 거치면서 아세틸조효소A Acetylcoenzyme-A로 전환되며, 이 아세틸조효소A가 크렙스회로Kreb's cycle 라는 에너지회로의 톱니바퀴를 돌리게 된다. 이 에너지회로가 돌아 가는 중간중간에 아세틸조효소A가 환원된 NADH가 나오며, 이것이 최종적으로 ATPAdenosine triphosphate라는 생체에너지 형태로 나와 생명 활동을 위해 쓰이는 것이다.

만약 어떤 이유로 인해 에너지회로의 회전이 늦어지거나 미토콘드리 아 숫자가 적어지면 어떻게 될까. 당연히 에너지를 만들어 내지 못하 기 때문에 생명활동이 느려지게 된다. 즉 신진대사가 느려진다는 뜻 이다. 이렇게 되면 톱니바퀴가 잘 돌아가지 않기 때문에 땔감도 많이 들어갈 수 없게 된다. 그럼 어떤 현상이 생길까.

우리 몸은 이미 몸속에 많이 들어와 바깥으로 빠져나갈 수 없게 된 지방산과 포도당, 아미노산을 어떻게 하든 처리하지 않으면 안 된 다. 그래서 우리 몸은 이 땔감들을 나중에 쓰려고 창고에 저장해 두려 고 하는데, 이때 가장 손쉬운 방법이 전부 지방산으로 전환시켜서 지 방세포 속에 저장하는 것이다. 이 때문에 미토콘드리아 숫자가 줄어 들어 있거나 기능이 떨어지면 비만이 올 가능성이 매우 높다. 실제로 미국 텍사스 베일러 의과대학의 보우메트 교수는 논문을 통해 영양 의 과다가 미토콘드리아의 기능을 떨어뜨리고, 이것이 비만 발생에 중요한 영향을 미친다고 발표했다.

이를 뒷받침하는 동물 실험 연구 결과도 다수 발표되었다. 미국 콜롬비아 대학 연구진이 인위적으로 식욕을 항진시킨 쥐와 정상적인 쥐를 40주 동안 관찰했는데, 그 결과 식욕을 항진시킨 쥐는 초기부터 미토콘드리아 기능이 저하되었고, 40주째가 되어 정상적인 쥐와 비교했더니 미토콘드리아의 숫자와 기능이 현저하게 감소한 것으로 나타났다.

또한 미국 버지니아 의과대학 생리학 연구팀이 비만인 쥐와 정상인 쥐를 관찰한 결과, 비만인 쥐가 심장 세포 내에 있는 미토콘드리아의 자연사 비율이 높은 것으로 조사됐다. 그리고 미국 콜로라도 의과대학 소아과 연구팀이 정상인 쥐에게 지방이 많은 음식을 먹인 결과, 간의 미토콘드리아에서 작용하는 효소가 감소해 기능이 떨어졌다고 발표했다.

이렇듯이 비만은 미토콘드리아라는 엔진의 성능과 밀접한 관련이 있을 가능성이 매우 높다. 그렇다면 이 미토콘드리아의 기능이 떨어지는 이유가 무엇일까.

보효소|補酵素|인 비타민과 미네랄의 역할

미토콘드리아의 엔진이 힘차게 돌아가게 하는 데 필요한 보조인자가 비타민 B군이다. 즉 비타민 B1과 B2, B3, B5가 필요하며, 마그네슘^{Mg}과 망간^{Mn}, 철분 그리고 비타민과 같은 역할을 하는 리포산$^{lipoic acid}$이 필요하다. 이 영양소들은 모두 미토콘드리아의 톱니바퀴가 잘 돌아갈 수 있도록 윤활유 역할을 하는 보효소이다.

우리 몸의 에너지회로에 있는 톱니바퀴는 이들 보효소, 보조인자가 없으면 돌아가지 않는다. 물론 이들 9개의 톱니바퀴가 잘 돌아가기 위해 가장 큰 역할을 하는 것이 효소임은 두말할 필요가 없다. 하지만 몸속에서 지방산과 포도당, 아미노산을 아세틸조효소 A로 만드는 과정에서도 효소와 보효소, 보조인자 등이 모두 다 있어야 한다.

여기서 우리가 알아야 할 것이 있다. 효소는 핵산에 의해 세포 안에서 만들어지기도 하지만 보효소와 보조인자는 몸에서 만들어지지 않는 것이 많다는 점이다. 특히 미네랄은 몸에서 만들지 못하기 때문에 꼭 외부에서 공급해 줘야 한다.

이렇게 우리 몸에서 생산되지 않고 바깥에서 공급해 줘야만 하는 것을 필수비타민, 필수미네랄이라고 이름을 붙여서 이런 것이 풍부한 음식은 꼭 먹어야 한다고 당부하는 것이다. 또한 비타민과 미네랄을 음식을 통해 어느 정도 먹고 있다고 할지라도 소모성 질병 등으로 인해서 우리 몸에 이것들이 많이 필요한 상황이면 상대적으로 이 영양소가 부족하게 된다.

비타민과 미네랄은 몸에서 발생한 독소를 해독할 때 많이 필요하다. 생명활동 과정에서 어쩔 수 없이 발생하는 활성산소를 제거하는 데에도 많이 사용되고 있다. 따라서 비타민과 미네랄의 흡수량이 적거나 해독 활동, 활성산소 제거 활동에 지나치게 많이 사용되는 경우에는 상대적으로 공급량이 부족해져서 미토콘드리아의 기능이 저하될 수 있다.

효소 다이어트 식품은 미토콘드리아의 정상적인 활동에 반드시 필요한 비타민과 미네랄 등의 영양소를 공급해 주고 해독작용과 활성산소 제거를 도와준다. 이 체내 시스템이 정상을 잡아가는 과정에서 각종 만성질환도 저절로 치료하게 된다. 이것이 효소 다이어트 식품의 장점이다.

비타민과 미네랄이
활성산소를 없앤다

그렇다면 활성산소란 무엇이며 왜 생기는 것일까.

우리 몸의 세포 속으로 지방산과 포도당, 아미노산 등 3대 영양소가 들어올 때는 당연히 산소도 함께 들어온다. 인체 내의 여러 기관 중 산소를 가장 많이 쓰는 곳이 바로 미토콘드리아다.

자동차가 에너지를 만들어 낼 때 기름과 산소를 섞어서 태우는 것처럼 인체 내의 에너지를 만드는 과정에서도 반드시 산소가 필요하다. 그리고 산소는 물로 변환되어야만 에너지가 만들어진다. 이 과정에서 산소와 영양소가 적절히 어우러지면 에너지를 효율적으로 만들어 내지만, 그래도 0.2%~2% 정도는 적절하지 않은 반응이 생길 수 있고 이때도 활성산소가 만들어진다.

이처럼 미토콘드리아는 우리 몸에서 산소를 가장 많이 쓰는 기관이다 보니 활성산소 역시 가장 많이 만들어 낸다.

젊어서 격렬한 운동을 많이 한 운동선수일수록 나이가 들면 빨리 노쇠하고 단명하는 경우가 많다. 그 이유는 세포의 미토콘드리아가 필요한 에너지를 만들어 내느라 오랜 시간 너무 무리를 했기 때문이다. 장작이 활활 타고 나면 남은 재를 치워야 한다. 이 치워야 할 재를 활성산소라고 생각하면 이해가 빠를 것이다.

자동차를 운전할 때 엑셀을 갑자기 급하게 밟으면 기름 공급량과 산소 공급량이 서로 맞지 않아 요란한 소리를 내면서 그을음이 많아진다. 이처럼 산소를 가장 많이 사용하는 미토콘드리아도 어떤 이유로 대사에 영향을 받는 상황이 생기면 순간적으로 활성산소가 많이 발생할 수 있다. 이럴 때 활성산소는 순식간에 미토콘드리아에 달라붙어 기능을 저하시키거나 마비시키기도 한다. 그래서 미토콘드리아에는 활성산소를 무독한 것으로 변화시키는 항산화효소도 많다.

뿐만 아니라 비타민과 미네랄이 항산화효소로도 제어하지 못한 활성산소에 달라붙어 미토콘드리아가 손상되는 것을 막는 항산화제 역할을 하기 때문에 그 기능은 쉽게 떨어지지 않는다.

항산화효소가 덜 만들어지거나 항산화제 역할을 하는 비타민과 미네랄 등이 충분하지 않으면 활성산소는 세포나 미토콘드리아의 기능을 더욱 망가뜨리고, 이로 인해 에너지 생산도 덜 될 수밖에 없다.

미토콘드리아는 에너지만 만들어 내는 것이 아니다. 에너지회로의 톱니바퀴는 쉴 새 없이 돌아가면서 지방산과 포도당, 아미노산 등의 3가지 재료를 이용해 우리 몸에 필요한 여러 형태의 물질로 환원시킨다. 따라서 미토콘드리아가 기능이 떨어지면 이런 역할도 덩달아 하지 못하게 되기 때문에 몸 전체의 회전이 떨어지게 되는 것이다.

미토콘드리아가 제 기능을 원활하게 발휘하기 위해서는 비타민과 미네랄 등이 풍부한 음식을 골고루 먹어 각종 영양소를 충분히 섭취해야 한다. 효소 다이어트 식품은 음식의 양을 줄이면서 효소와 비타민, 미네랄 등 필요한 영양소를 최소한으로 공급하기 때문에 오히려 몸을 건강하게 만들면서 다이어트를 효과가 나타나는 것이다. 현미효소나 산야초 발효액을 먹으면서 다이어트를 해도 비슷한 결과를 얻을 수 있다. 현미효소만 열심히 먹었는데도 살이 빠지고 얼굴의 곡선이 살아나는 것도 같은 이치다. 현미 속에 들어 있는 뛰어난 영양소를 고루 섭취하면 항산화효소 등이 증대되어 몸을 건강하게 만드는 것이다.

산야초 발효액도 마찬가지다. 풍부한 비타민과 미네랄, 그리고 산야초의 약성이 체내 신진대사를 활발하게 만들어 준다. 다이어트를 할 때는 음식물의 섭취를 절제하기 때문에 자신의 결심에 따라서 효과가 매우 클 수 있다. 특히 다이어트를 하면서 올바른 먹거리에 대한 공부를 겸하게 되면, 그동안 아무 의식 없이 마구 먹었던 패스트푸드 등 음식물에 대한 경각심이 생기면서 식생활을 개선해 건강하게 살아갈 수 있다.

효소 다이어트를 할 때
반드시 알아야 할 점

다이어트의 목적은 체중 감량과 더불어 체질 개선과 몸의 자연치유력을 높이는 데 있다. 따라서 다이어트를 하면 체중을 감량하면서도 몸이 더 건강해져야 한다.

체중은 원하는 만큼 줄어들었지만 몸속의 노폐물이 배출되지 않고 그대로 남아 있다면 이런 다이어트는 시도하지 않은 것보다 못하게 된다. 즉 몸속의 수분과 근육은 유지시키면서 불필요한 피하지방을 분해해서 연소시키고, 몸속에 쌓인 노폐물을 깨끗하게 잘 배출시키는 것이 최상의 다이어트다. 이렇게만 하면 누구나 만성병이 사라지고 피부가 고와지는 것은 물론 얼굴 곡선이 살아나며 머릿속까지 맑아진다. 특히 효소 제품이나 산야초 발효액에 들어 있는 효소와 비타민, 미네랄을 충분히 공급해 주기 때문에 더 건강해지고 자연치유력이 되살아나 질병에도 잘 걸리지 않게 되는 것이다.

다이어트는 일상생활을 하는 데에 있어서 지장을 주지 않고 안전해야 한다. 단식은 칼을 대지 않는 수술이라고 할 정도로 누구나 단식이 좋다는 것은 잘 알고 있다. 하지만 직장인들이 며칠씩 집을 떠나 단식원에 들어가 단식을 한다는 것은 쉽지 않고, 급작스럽게 모든 음식을 끊어 감량하는 것은 바람직하지 않다.

다이어트를 할 때 절식은 반드시 필요하다. 평소와 마찬가지로 먹고 싶은 양의 음식물을 마음껏 먹으면서 다이어트를 하면 몸속의 노폐물과 장 속의 숙변이 빨리 배출되지 않기 때문이다. 효소와 미타민, 미네랄, 핵산 등으로 구성된 효소 다이어트 제품이나 산야초 발효액, 죽염 등을 먹고, 당사자의 결심과 각오만 있다면 그 효과는 크게 다르지 않다.

실제로 최대한 절식을 하면서 적당한 운동과 함께 효소 다이어트 제품이나 산야초 발효액 등을 먹으며 기대 이상의 큰 효과를 거두는 사람이 많다. 실패하는 사람들은 음식을 절제하는 의지력이 부족하다든가 도중에 포기하는 사람들일 뿐이다.

성공리에 다이어트를 마치면 피가 몰라보게 맑아져 혈액순환이 원활해지고, 몸과 마음이 새로 태어나는 기쁨을 맛볼 수 있다. 물론 이렇게 다이어트에 성공하더라도 다이어트 기간 동안의 절식으로 위가 작아져서 많은 음식물이 들어가면 무리가 따른다. 따라서 약 2주 동안에 걸쳐 보식을 철저히 하고, 그 후로도 식생활 개선을 위해 노력하는 것이 매우 중요하다.

간헐적 단식의
허와 실

유행이란 참 무섭다. 한 방송사가 '간헐적 단식'을 소개한 후로 간헐적 단식이라는 말이 키워드로 등장했다.

　'간헐적間歇的'이라는 말의 뜻은 얼마 동안의 시간 간격을 두고 되풀이하여 일어나는 현상을 말한다. 그래서 간헐적 단식이라는 것은 시간을 두고 수시로 단식을 되풀이하는 것이다.

　구체적으로 말하자면 일주일에 이틀, 18시간에서 24시간 굶고 나머지 시간은 먹고 싶은 대로 마음껏 먹어도 살이 빠지기 때문에 특정 날짜를 정해 며칠씩 굶지 말고 이렇게 단식을 하라는 이야기다. 게으른 현대인들에게는 귀가 솔깃해지고 구미가 당기는 단식법이 아닐 수 없다.

　"좋아! 실컷 먹고 이틀만 굶으면 된다는데 어려울 게 뭐있어? 먹고 보자! 까짓것 이틀 굶지 뭐!"

무슨 한 가지 식품을 먹는 것도 아니고 비싼 다이어트 제품을 먹는 것도 아닌데 이렇게 해서 효과를 본다면 망설일 게 뭐있겠는가.

　간헐적 단식은 먹고 싶은 음식을 실컷 먹으면서도 감량 효과를 얻을 수 있고, 단식을 시작한 지 24시간 내에 변화가 나타난다고 이야기한다. 어렵고 까다로운 식단표를 만들거나 칼로리를 계산해 가며 음식을 먹을 필요가 없고, 효소나 비타민, 비네랄 같은 영양제의 보충도 필요 없으며, 설탕이 들어가지 않은 저칼로리 음료는 얼마든지 마셔도 좋다고 말한다.

이렇게 간헐적으로 금식을 하면서 간단한 근력 운동을 하면 근육량이 유지되면서 체지방은 줄고 몸속의 독소가 빠져나가는 것을 느낄 수 있다니 최고의 단식 방법 같은 생각이 들기도 한다.

그런데 과연 이 방법은 단식이 지향하는 몸속의 독소 제거와 체중 감량 등의 효과를 원하는 만큼 이뤄줄 수 있을까. 요요는 오지 않는 것일까.

간헐적 단식에서 금식 기간을 18시간에서 24시간으로 정한 것은, 24시간이 지나면 우리 몸은 필요로 하는 에너지를 만들기 위해 근육 속에 저장해 놓은 지방을 빼내 쓰게 되고, 이로 인해 근육이 소실되기 때문이다.

금식 기간 중에는 음식을 일체 먹지 않고 물만 먹게 되는데, 물만 먹어서는 몸의 대사조절이 되지 않는다. 몸속의 혈액과 체액은 미네랄로 구성되어 있기 때문이다. 그래서 단식을 하면서 죽염을 먹게 하는 것이 오랜 자연건강법의 지혜다. 죽염 속에 든 풍부한 미네랄이 물만 먹어도 대사를 원활하게 유지시켜 주는 것이다.

24시간 금식이 끝났다고 해도 소량이나 적정량만 먹어야 하는데, 기다렸다는 듯이 폭식을 하게 되면 오히려 살이 더 찐다. 체중 감량이 목적이었다면 이렇게 해서는 10명 중 8명이 필패다. 반드시 실패한다는 뜻이다. 3박 4일이나 9박 10일 동안 죽염과 매실, 산야초 발효액을 먹고 단식하거나 다이어트 제품을 먹으며 10여 일 동안 정성껏 단식해서 몸속의 독소 제거와 체중 감량의 목적을 달성한 사람들이라고 할지라도 마찬가지다. 이들도 예전처럼 폭식을 하면 거의 100% 요요가 온다. 우리 몸은 아무리 감량을 해도 항상 유전자에 각인된 예전의 형태로 돌아가려는 복원력이 강해서 단식 이후 장시간 새롭게 길들이지 않으면 다시 원상태로 되돌아간다. 이것이 요요현상이다.

지방흡입술도 마찬가지다. 기계적 힘으로 허벅지나 뱃살을 뺐다고 할지라도 남은 지방 부위는 금방 영양소를 끌어당겨 빈자리를 채우려고 노력한다. 또 허벅지살을 빼면 엉뚱하게도 뱃살이 더 붙기도 한다.

단식을 할 때 가장 중요한 것이 운동이다. 니시의학에서는 모세혈관의 중요성을 강조하며 모관운동을 중점적으로 시키는데 그것만으로는 부족하다. 모관운동은 혈류를 개선하고 뇌부터 말초혈관까지 산소를 원활하게 공급해 기초대사량을 높이는 운동이다. 가벼운 달리기 등으로 근육을 조이고 심장의 역할을 증대시키며 유산소 운동 효과를 얻을 수 있는 운동을 병행하는 것이 좋다.

일본 의사 신야 히로미 박사는 완전한 단식 대신 채소만을 먹으며 일정 기간 동안 절식을 하는 효소반단식을 몸속의 독소를 배출하고 체중을 감량하는 이상적인 단식 방법으로 제시하였다. 이 방법도 일리가 있지만 채소만 먹으며 장기간 절식하는 것도 문제가 있다. 과일과 채소 등에 가장 많이 들어 있는 것이 칼륨이다.

칼륨은 신장을 거쳐 여과되는 과정에서 적체되기가 쉬운데, 칼륨이 적체되면 신장은 금방 망가진다. 그래서 아무리 몸에 좋은 녹즙이라고 해도 무조건 녹즙만 많이 마셔도 문제가 된다. 하루 8잔 정도의 녹즙을 한 달 동안 마시면 칼륨이 신장에서 빠져나가지 못해 신장 투석을 하지 않으면 안 될 만큼 이상이 온다. 이 칼륨을 신장에서 빠져 나가도록 돕는 것이 나트륨이다. 그래서 녹즙을 마실 때는 반드시 염분, 죽염을 함께 먹어야만 건강도 살리고 신장도 지킬 수 있다.

단식이나 다이어트를 하더라도 그 방식의 장단점과 허와 실을 잘 알고 논리적 과학적으로 접근해야 한다. 그래야 원하는 목적을 달성하고 부작용과 실패를 막을 수 있다.

현미효소의
다양한 명현현상

현미효소를 먹을 때 누구에게나 공통적으로 나타나는 반응현상이 있다. 명현현상 또는 명현반응, 호전반응이라고 하는데 역가가 높은 제품을 먹을수록 더 강하게 나타나 당황하거나 혼란스러워 하는 사람이 많다.

현미효소를 먹기 시작하면서 갑자기 잠이 쏟아진다거나 심한 복통, 악취가 나는 방귀, 지독한 변비, 두드러기 등이 나타나기도 하고, 더러는 흉통이 오고 눈알이 빠질 것처럼 눈의 피로가 느껴지며 숨이 차는 경우도 있다. 뿐만 아니라 아토피 환자는 증상이 더 심해지기도 하며, 관절염 환자는 관절이 더 아프기도 하다. 이것은 감기 몸살이 낫기 전에 통증이 심해지고 땀을 뻘뻘 흘리듯이 몸이 좋아지려고 일시적으로 나타나는 현상이다. 이러한 명현현상이 나타나지 않는 사람이 있고 유독 심하게 시달리는 사람도 있으며, 그 기간도 빨리 사라지는 사람이 있는 반면 오래 가는 사람도 있다.

또한 현미효소를 먹고 약 20일 정도 거의 매일 낮잠을 자는 사람도 있다. 너무 잠이 많이 쏟아져 일상적인 생활을 하기 힘들다고 호소하기도 한다. 또 잠을 많이 잤는데도 꼭 술에 취한 것처럼 몽롱하다는 사람도 있다. 가슴에 심한 흉통이 오는 사람, 갑자기 심하게 체한 것처럼 가슴이 답답한 현상이 계속되는 사람 등 이해할 수 없는 현상 때문에 고통을 호소하는 사람이 많다.

이 같은 명현현상은 강력한 분해력을 가진 현미효소가 몸속으로 들어오면서 생긴 각종 장기와 세포의 생리적 화학적 충돌 현상이다. 마치 고여 있는 물웅덩이에 돌을 던지면 파장이 일고 흙탕물이 솟아오르다가 이내 물이 맑아지는 것과 같은 이치다.

체질에 따라 다양한 형태로 나타나는 명현현상을 한마디로 정의하기는 힘들다. 그러나 현재의 상태를 개선하려는 호전반응인 것만큼은 확실하다.

현미효소를 먹고 갑자기 견딜 수 없는 명현현상이 나타나면 불같이 화를 내는 사람도 많다. 소화가 잘 되고 속이 편안해진다기에 현미효소를 먹었는데 멀쩡한 사람이 느닷없이 변비가 생겨 쩔쩔매니 그럴 만도 하다. 이 때문에 현미효소는 반드시 역가가 높은 제품만이 좋은 것이 아니라는 것을 알 수 있다. 역가가 높은 현미효소 제품은 분해력이 강해서 위장으로 들어온 음식물을 빨리 분해해 내려 보내기 때문에 대장이 연동작용을 활발하게 못해 무력화 될 수가 있다.

대장은 벽이 주름으로 형성돼 연동작업을 하면서 거친 음식 잔류물을 밀어내는 구조로 되어 있는데, 계속 죽처럼 분해된 음식 잔류물만 내려오면 본연의 기능을 못해 무력화 되는 부작용을 낳을 수 있다.

현미효소를 먹으면 왜 갑자기 없던 변비가 생기는지 그 이유에 대한 명확한 해답을 아무도 제시하지 못하고 있다. 대장은 음식물의 수분을 흡수하는 기관이라서 장벽이 죽처럼 변한 음식 잔류물 속에 든 수분을 빨아들이기 때문에 변이 딱딱하게 굳어져 갑자기 없던 변비가 생기지 않나 추론하고 있을 뿐이다. 그래서 변비를 호소하는 사람들에게 가능한 한 물을 많이 마시라고 이야기하는데, 물을 많이 먹어서 해결될 수 있는 문제라면 도중에 먹는 것을 포기하는 사람은 없을 것이다. 이럴 때는 며칠 동안 섭취를 중단했다가 효소가 몸에 적응하기를 기다려 다시 시도해 보는 것이 좋다. 절대 포기할 필요는 없다.

참고로 일본의 유명 현미효소 제품들은 역가가 그다지 높지 않다. 그들이 역가를 올리지 못해 낮은 것이 아니다. 바로 이런 부작용 때문이다.

현미효소의 역가는 식물에서 추출한 아밀라아제와 프로테아제 등 고역가의 분해효소를 첨가하면 얼마든지 높일 수 있다. 따라서 역가가 낮으면서도 소화 흡수에 도움을 주는 안전한 효소 제품이 가장 좋은 것이다.

불행한 삶을
행복으로 바꾸는 효소

현미효소를 알기 전에 40년 동안 만성설사로 고생한 여성이 있었다. 그녀는 변비 때문에 날마다 심한 스트레스를 받으며 살아왔고 몸은 바싹 마른 상태였다. 그러나 현미효소를 먹은 후부터는 장腸 기능이 정상으로 돌아와 몸이 건강해지고 살도 적당히 올랐다고 행복해했다.

또 만성위염으로 평생 약을 복용한 60대 중반의 여성도 효소를 먹은 지 3개월이 지나서 내시경 검사를 해 보니 염증이 완전히 사라져 약을 끊었다는 놀라운 경험담을 전하기도 했다.

먹기 시작한 지 3개월도 안 돼 고질적인 어깨통증이 싹 사라지기도 하고 피가 맑아졌다는 것을 확실히 느끼는 사람도 많다.

두 달도 안 돼 군살이 빠지면서 무엇보다 먼저 얼굴선이 살아나 윤곽이 뚜렷해진 것을 직접 확인하기가 어렵지 않다. 뱃살도 빠진다.

현미효소를 먹기 시작한 지 4개월 만에 15년 이상 앓아오던 만성변비와 허리 통증이 사라진 사람도 있고, 하지정맥류가 있어서 수술을 해야겠다고 생각하던 여성은 현미효소를 꾸준히 복용하자 놀랍게도 하지정맥류가 사라졌다.

한 달에 한 번 정도 잇몸에 염증이 생기면 1~2주가량 밥도 씹지 못하고 우물우물 그냥 삼키는 등 너무 힘들게 살아온 중년 여성이 있었다. 그럴 때마다 그녀는 치과에 가서 염증 치료를 받았지만 별 도움이 되지 않았다. 치과 의사는 골다공증으로 인해 잇몸이 약해지고 내려앉아 이가 흔들리기 때문에 특별한 치료 방법이 없다고 했다. 심지어 이가 빠져도 임플란트조차 할 수가 없다는 것이었다. 음식을 먹을 때마다 맛있게 씹어 먹지 못하는 고통은 말로 표현할 수 없을 만큼 힘든 것이었다.

그러나 현미효소를 먹으면서 어느 새인가 잇몸이 튼튼해지고 음식을 꼭꼭 씹어 먹고 있는 자신을 발견하고 깜짝 놀랐다고 했다. 그녀는 현미효소에 반했다며 정말 행복해 했다. 만약 현미효소를 몰랐더라면 자신은 잇몸질환 때문에 평생을 불행하게 살아가야 했는데 그 고민에서 해방되었기 때문이다.

현미효소와 함께 버섯현미효소, 약초현미효소의 효과도 놀랍다. 특히 발아현미에 특정 약리작용이 강한 버섯균사체를 배양해 만든 버섯균사체 현미효소는 잇몸질환과 퇴행성질환, 각종 피부염 등에 믿기 어려울 만큼의 놀라운 효과를 나타낸다. 고혈압, 당뇨와 같은 만성질환도 닷새에서 일주일 정도면 뚜렷한 차도를 몸으로 느낄 수 있다. 류머티스 관절염 등도 예외가 아니다.

또한 소화기능이 좋지 않아 음식물을 잘 삼키지 못하는 사람, 이가 약하고 아려서 음식을 씹지 못하는 사람, 잠을 자지 못해 고생하는 사람이 순식간에 이런 불편이 사라지니 그야말로 보도 듣도 못한 미라클이 따로 없다.

버섯균사체 효소 가운데 천일염을 발효시켜 특정 버섯균주를 배양해 만든 염분 성분의 액상효소가 있는데 그 효과가 놀랍다.

약이나 연고로 고칠 수 없는 고질적인 무좀이나 만성습진, 물사마귀에 이 액상효소를 바르면 단 며칠 만에, 길어야 보름이면 깨끗하게 없어지는 것을 확인할 수 있다.

이 같은 사례는 어떤 사람에게나 다 똑같이 나타난다. 심지어 발톱무좀과 욕창까지도 고쳐진다. 물론 버섯균사체 효소를 먹으면서 이렇게 바르면 효과가 더 빨리, 확실하게 나타날 수 있다. 이것이 미생물의 힘이다.

염분의 부족은 정신적 장애를 심화시키는 원인이 될 수 있다. 동물과 식물 등 생명이 있는 모든 것은 염성을 필요로 한다. 봄이 되어 겨우내 닫아 놓았던 장독의 뚜껑을 열어놓으면 나무들이 염성을 뺏어가기 때문에 염도가 얇아져 곰팡이가 피게 된다. 그래서 예로부터 장독대 옆에는 나무가 자라지 않게 했다.

사람도 마찬가지여서 겨우내 염분을 적게 먹은 정신질환을 갖고 있는 사람은 봄이 되면 그 증상이 더 심해진다. 바로 미네랄의 부족 때문이다. 이럴 때 염분을 충분히 섭취하게 만들면 증상이 몰라보게 진정된다.

버섯균사체 효소는 특정한 약리성분이 있는 버섯의 종균을 현미에 배양해 만든 효소이지만, 꽃송이버섯 현미효소는 베타글루칸 성분이 강한 꽃송이버섯을 현미와 함께 분쇄해서 유산균으로 발효시킨 것이 특징이다.

일반 현미효소 역시 고초균과 유산균 등으로 각각 발효시키는데 어떤 종균으로 발효시키느냐에 따라, 또 같은 종균이라도 어떻게 계대배양했느냐에 따라 성분과 효과에 차이가 있을 뿐 영양이 풍부한 현미나 미강을 배지로 삼고 있다는 점은 똑같다. 그리고 현미약초효소는 약초 특유의 약리성분을 살린 효소 제품으로 소화와 흡수, 신진대사에 도움을 주는 훌륭한 체외효소이다.

특히 각각의 효소 제품마다 특성과 장단점이 있기 때문에 자신에게 맞고 필요한 제품이 중요할 뿐 어떤 효소 제품이 좋은가를 따지는 것은 큰 의미가 없다.

이런 현미효소나 산야초 발효액, EM 활성액, 버섯효소 등의 많은 효소 제품 체험 사례에서 알 수 있듯이 누가 뭐래도 미생물과 발효 식품이야말로 세상을 바꿀 수 있다는 위대한 힘을 갖고 있고, 이로 인해 건강혁명을 가져올 수 있다.

EM 비누 만들기

가성소다와 식용유를 넣고 잘 섞어 틀에 넣어
일주일 정도 굳혀 20일 동안 말리면 된다.
pH3.5 이하가 되면 사용할 수 있다.

1. 버리는 식용유 100g에 EM 유화수를 50g 정도 섞는다.
   이때 천연분말과 에센스오일을 첨가해도 좋다.
2. 잘 저어준 후 틀이나 페트병에 부어 굳힌다.
   여드름이 많으면 어성초를, 아토피에는 감초를 넣어 만든다.

녹차로 EM 비누를 만들어 감고 헹굴 때는 허브나 녹차,
로즈마리 우린 물로 발효시켜 린스로 사용한다.
샴프와 반씩 섞어 한 달 쓸 양을 만들어 써도 좋다.
마지막 헹구는 물에는 EM 발효액 100배를 희석해
레몬 껍질이나 녹차, 계피 등을 섞어 사용한다.

CHAPTER 9

효소 효과
감동 사례

현미효소 효과
감동 사례

가끔씩 팔다리에 두드러기가 난 것처럼 피부가 울긋불긋하게 변하면서 가려움증이 심해 오랫동안 고생했던 여자 환자 이야기다.

피부질환이 나타날 때마다 피부과에 가서 주사를 맞고 약을 먹으면 언제 그랬냐는 듯이 나았지만, 약을 끊으면 또 악순환이 되풀이되어 고민이 이만저만이 아니었다. 혹시 염색약 때문에 그런 것이 아닐까 하는 의문도 가졌는데 그것 때문은 아니었다.

병원 치료는 물론 한약도 먹어 보고, 쑥뜸도 해 보고, 은銀이 사람을 살린다는 말에 은 용액제조기도 사서 사용해 보고 그야말로 할 짓 못할 짓을 다 해 보았다. 그러나 아무 소용이 없었으며, 의사도 그런 피부병이 왜 생기는지 이유를 모르겠다고 하니 여간 답답한 일이 아니었다.

그러다 현미효소를 알고 나서 혹시나 하는 마음에 약을 끊고 현미효소를 먹기 시작했다. 그랬더니 놀랍게도 열흘 정도 지나자 두드러기가 모두 가라앉았다. 그 후 꾸준히 현미효소를 먹자 더 이상 두드러기가 생기는 일이 없어졌다. 정말 놀라운 일이 아닐 수 없었다.

또한 한 달에 한 번 정도 조금 피곤하다 싶으면 입가에 습진이 돋곤 했는데 현미효소를 먹고부터 습진이 완전 멀어져 갔다. 습진은 바이러스성 세균질환인데도 이렇듯 현미효소가 바이러스성 질환에도 효과를 발휘한 것이다.

그녀는 또 현미효소를 먹으면서부터 잇몸이 단단해졌다는 것을 느꼈다. 평소 딱딱한 음식이나 신 과일을 먹고 나면 이가 시큰거리는 증상이 있었는데, 현미효소를 먹다 보니 어느 순간부터인가 그런 증상을 못 느끼며 살고 있다는 것을 깨달았다.

그 후 현미효소를 가족 모두에게 먹게 했는데, 초등학교 6학년이던 아들에게도 놀라운 효과가 나타났다. 어려서부터 비염으로 고생했던 아들은 해마다 찬바람만 불면 코가 막혀서 숨쉬기 힘들어 입으로만 숨을 쉬어야 할 정도였다. 이런 아이들은 감기를 달고 살아야 하는 것은 거의 숙명적이다. 아침마다 아이의 꽉 막힌 콧속에 식염수를 넣어 누런 코를 풀게 하는 것이 일상생활의 하나였다.

이런 아들이 현미효소를 먹은 지 4개월째가 되자 그녀는 아침마다 일상적으로 콧속에 식염수를 넣는 일을 하지 않게 되었다.

"엄마, 코가 막히지 않아요!"

알레르기성 비염이 아주 심했기에 별 기대를 하지 않고 현미효소를 먹였는데, 쓰레기통에 쌓이는 화장지가 눈에 띄게 줄었고 아이도 좋아했다. 쓰레기통에 쌓이는 화장지가 눈에 띄게 줄었다는 표현이 엄마의 애타는 심정을 무엇보다 잘 나타낸다.

물론 아들에게 현미효소를 먹이자 명현현상이 나타나기도 했다. 먼저 등과 양 손등에 독소가 두드러기처럼 올라와 심하게 가려워했고, 특이하게도 며칠 간격으로 코피를 한 바가지씩 쏟아냈다. 그러나 그녀는 솔직히 겁을 먹지 않았다고 했다. 분명히 명현현상일 것이라는 확고한 믿음이 있었기 때문이다.

그녀는 현미효소를 먹고 효과를 보기 전에 먹기도 불편하고 명현현상 때문에 3개월 이내에 그만두는 사람들을 볼 때 가장 안타깝다고 했다. 특히 나이가 많거나 질병을 앓고 있는 사람일수록 더 강한 명현현상이 나타나고, 먹는 도중 변비가 생겨 그만두는 사람이 적지 않은데 이럴 때가 답답하고 안타깝다는 것이다. 인내력이 요구되는 초기 3개월만 꿋꿋이 잘 보내면 찬란한 몸의 변화가 기다리고 있으니 그깟 명현현상쯤을 견뎌내지 못할 이유가 없다는 것이다.

아이의 비염이 낫는 것을 보고 그녀는 이런 이야기를 했다.

"헬렌 켈러는 이렇게 말했지요. '세상에서 가장 아름다운 것은 눈으로 보고 손으로 만지는 것이 아니라 가슴으로 느끼는 것이에요.' 그렇지만 저는 그 아름다운 것을 눈으로도 보았습니다. 즐거운 감동입니다. 현미효소가 이렇게 해 준 것입니다. 있는 그대로의 솔직한 제 마음입니다."

대장암 수술을 받았지만 재발해 림프선까지 전이되자 수술조차도 못하고 항암 치료를 받던 60대 환자 이야기다.

이 환자는 항암 치료를 받는 과정에서 헛구역질이 너무 심하게 나오는 등 도저히 감당할 수가 없자 치료를 포기한 상태였다. 오랜 투병생활로 인해 비쩍 마른 몸에 얼굴이 시커멓고 이까지 다 삭아서 음식물을 잘 씹어 먹지 못할 정도로 심각했다.

이토록 심각한 환자를 상담한 분은 그에게 이가 약하니 밥 대신 신선한 채소와 과일을 갈아서 가루효소를 섞어 밥처럼 먹도록 했다. 그리고 대장암에 효과가 있는 아마씨유와 비타민 C, 생수를 비롯해 생식 위주의 식단을 하도록 권했다.

이 환자는 이 분의 권유대로 한 달 동안 밥을 아예 먹지 않고 직접 발효시킨 요구르트에 채소와 과일을 갈아서 가루효소를 1회 약 80g 정도 넣어 하루 세 차례 먹기 시작했다.

열흘쯤 지나자 그에게 명현현상이 나타났다. 앉았다가 일어서면 갑자기 어지럽고 땅이 꺼지는 것 같아 쓰러질 것 같았다고 했다. 하지만 다행히 이틀 정도가 지나자 언제 그랬느냐는 듯이 사라졌다.

이렇게 효소 제품으로 식이요법을 시작한 지 20일이 지나 검진을 위해 병원을 찾았더니 의사가 왜 이렇게 좋아졌느냐며 깜짝 놀라면서 믿을 수 없다는 듯 고개를 갸웃거렸다. 그리고 이 상태라면 항암 치료를 받을 필요가 없다며 두 달 후에 오라고 했다는 것이다.

그전에는 한 달에 1회씩 꼭 항암 치료를 받아야 한다고 말했는데, 암의 진행이 멈추었기 때문에 두 달 후에 오라는 말에 환자는 떨 듯이 기뻐했다. 그는 효소와 식이요법에 더욱 더 강한 믿음을 가졌고, 그때부터 하루 한 끼는 현미잡곡밥을 먹기 시작했다.

마침내 두 달 후, 병원을 찾아가자 의사가 믿을 수 없다는 얼굴로 말했다.

"암이 고개를 숙였습니다. 어떻게 피가 이렇게 맑아질 수 있나요? 어떻게 관리를 하셨습니까?"

의사는 오히려 건강을 어떻게 관리했느냐고 물을 정도였다.

석 달 전만해도 가망이 없어 죽을 줄로만 알았던 대장암 말기 환자였는데, 항암 치료조차 포기할 정도였는데 암이 고개를 숙였다니, 세상에 이런 일을 누가 믿겠는가.

그분은 기뻐하며 의사에게 그동안 자신이 어떻게 식이요법을 해왔는지, 효소를 얼마나 열심히 먹었는지를 설명했지만 의사는 효소가 왜 중요한지 알지 못했다.

그 후로도 그분은 효소를 그야말로 밥처럼 계속 먹었고 아픈 사람인지 모를 정도로 건강이 회복됐다.

이 이야기는 당시 병원에 입원해 있던 많은 환자에게 소문이 났고, 덕분에 현미효소를 찾는 사람이 크게 늘어났다. 물론 모든 암 환자, 대장암 환자에게 통용되는 이야기는 아니겠지만, 현미효소와 식이요법의 중요성은 백 번 강조해도 지나침이 없다.

다시 강조하지만 이 대장암 환자처럼 질병 치료를 목적으로 할 때는 현미효소를 먹더라도 반드시 식습관을 바꿔 식이요법을 병행해야 한다. 그리고 이 식습관을 꾸준히 유지해야 건강도 유지된다. 단식이나 교육이 중요한 이유다.

───────────

어지럼 증세가 자주 나타나는 50대 남자가 병원을 찾아 진찰 결과 고혈압과 당뇨가 왔다는 말을 듣게 됐다. 이 남자는 양약을 먹으면서 고혈압에 좋다는 양파즙을 먹었는데, 지인을 통해 현미효소가 몸에 좋다는 이야기를 듣고 현미효소를 먹기 시작했다.

그러자 처음 명현현상으로 몸에 뾰두라지가 나고 지독한 냄새의 방귀, 약간의 설사, 피부 가려움증이 나타났다. 병원에서 처방해 준 약과 함께 꾸준히 현미효소를 열심히 먹었는데, 한 달 후 혈압을 재어 보니 놀랍게도 정상 수치로 내려가고 있었다. 그 후 약을 끊고 본격적으로 현미효소만 먹으며 생채식 위주로 식단으로 바꿨는데, 두 달 만에 180이었던 당뇨 수치가 125로 떨어졌다.

고혈압과 당뇨라는 진단을 받기 전 이 남자의 식습관을 보니 술과 담배를 너무 좋아했고 탄산음료 역시 너무 좋아했다. 결국 고혈압과 당뇨라는 병이 찾아 올 수밖에 없었다. 현미효소와 함께 식습관을 개선하였기에 이렇게 효과를 보게 된 것이다.

자궁근종 때문에 가끔씩 병원에 다니는 40대 여성 이야기다. 자궁근종이 있으면 대부분 생리양이 많아지고 어혈 덩어리가 많이 나오는 증상이 있기 때문에 당연히 빈혈현상이 따른다. 이런 빈혈현상으로 고생하던 중, 인터넷에서 현미효소의 효과를 접하고 먹기 시작한 지 불과 두 달 만에 10.2였던 수치가 13.8로 나왔다. 의사가 빈혈약을 따로 먹었냐는 질문에 미처 현미효소를 먹고 있다는 생각을 하지 못하고 아무것도 먹지 않았다고 대답하자, 의사는 의아한 얼굴로 그 말을 믿지 못하였다.

의사가 보여주는 초음파 사진을 보니 4cm까지 자라던 근종이 더 이상 자라지 않고 멈춰 버린 것이었다. 그러자 의사는 6개월 후에 근종의 상태를 다시 검사해 보자고 했다. 특별히 따로 먹은 것이라곤 현

미효소가 전부였는데, 너무 신기했고 요술쟁이 효소라는 생각밖에
들지 않았다고 했다.

그녀가 현미효소를 좋아할 수밖에 없고 남에게 권하지 않을 수
없는 이유이다.

10년 동안 류마티스 관절염으로 심한 고생을 했던 여자 환자 이야기
다. 나이가 겨우 40대 초반인데 어찌나 상태가 심각한지 속초에서 서
울의 대형병원까지 다니며 치료를 받았지만 전혀 차도가 없었다. 무
엇보다 10년 동안 병원 처방약을 너무 많이 먹은 탓에 위장이 손상되
어 음식을 잘 못 먹는 것은 물론 찬물만 마셔도 속이 쓰리고 아팠다.
거기다 류마티스 관절염약을 많이 먹다 보니 퇴행성 관절염까지 와
서 걸음도 잘 못 걸었다.
그녀는 자신의 입으로 이렇게 말했다.

"내 몸은 70대 할머니고 몸 전체가 종합병동이에요."

심지어 병원에서는 이렇게 약을 계속 먹다 보면 위암으로까지 갈 수
있으니 미리 보험을 많이 들어두라는 말도 했다고 한다. 이러니 얼마
나 답답했겠는가.

이 환자 역시 포기 반 기대 반의 심정으로 현미효소를 복용하기
시작했다. 그 후 몇 달 만에 나타난 결과는 그야말로 놀라울 정도였
다. 위가 너무 좋아져 음식도 먹고, 산에도 다니며, 딸 아이 학교 체육

대회에 가서 같이 운동도 했다고 한다.

그녀의 가족 모두가 현미효소 예찬론자가 됐음은 물론이다. 며느리가 좋아지는 것을 본 시어머니는 온 식구에게 현미효소를 먹게 하면서 이렇게 말했다.

"현미효소, 떨어지기 전에 꼭 챙겨라."

아토피로 고생했던 20대 청년의 이야기다. 당시 25세인 이 청년은 15살 때부터 아토피를 앓았는데, 피부가 매우 심각한 것은 물론 안구건조증까지 와서 사흘에 한 번꼴로 병원을 다니지 않으면 생활할 수 없을 정도였다. 한 재에 80만원이나 하는 한약도 지어서 먹어 보고, 양파도 갈아 마셔 보고, 몸에 좋다는 비타민도 모두 먹으면서 해 볼건 다해 봤지만 호전이 되지 않았다. 한창 젊은 나이인데 이러다 나이를 먹으면 좋아지겠지 하면서 체념하며 살고 있었다.

그러던 어느 날 스테로이드 주사를 계속 맞으면 뼈가 녹는다는 이야기를 듣고 충격을 받은 나머지 더 이상 주사를 맞으면 절대 안 되겠다는 심정으로 인터넷을 검색하다가 현미효소 효과 사례를 접하고 먹기 시작했다.

그런데 놀라운 일이 일어났다. 먹기 시작한 지 불과 일주일 만에 병원에 가지 않아도 좋을 만큼 가려움증이 사라지고 피부가 좋아졌으며 안구건조증도 거짓말처럼 사라졌다. 한 달 정도가 지나자 아토피에서 완전 해방되었다는 확신을 갖게 되었다.

꾸준히 현미효소를 먹자 예전에는 살짝만 긁어도 피가 났던 피부가 단단하고 매끈해졌다며 너무 행복해 했다. 그는 10년 동안의 고생에서 비로소 해방되었다는 기분을 말로 설명할 수가 없다며 인터넷 카페에서 지금도 현미효소 예찬론자로 활동하고 있다.

버섯효소 효과
감동 사례

81세인 할머니가 치아가 좋지 않아 윗니 4개를 틀니로 해 넣었는데 너무 아려서 음식도 제대로 씹어 먹지 못했고, 밤이면 잠을 제대로 잘 수 없을 정도로 고통스러웠다고 했다. 추석을 앞두고 참다못해 치과를 찾아갔더니 의사는 남은 이를 다 빼고 모두 임플란트로 해야 한다고 했다. 그래서 추석이 얼마 남지 않았으니 명절을 지내고 하겠다며 예약을 하고 병원을 나오다가 지인의 소개로 버섯균사체 효소를 알게 되었다.

이 할머니는 지인이 시키는 대로 환으로 된 버섯균사체 효소 제품 몇 알을 입에 물고 잠을 잤는데, 아침에 일어나니 이의 아린 증상이 사라진 것이었다. 이에 신이 나서 제품을 열심히 먹으면서 밤이면 몇 알씩을 꼭 입에 물고 잠을 잤다. 그러자 또 다른 생각지도 않았던 변화가 일어났다. 그전에는 이가 아리는 것은 물론이고 입 안에서 침이 나오지 않아 항상 바싹 말라 있었고 음식물을 삼키기가 힘들었다. 그런데 사흘이 지나자 입 안에 침이 가득 고이기 시작한 것이었다. 거기다 이도 흔들거리지 않고 갈수록 더 단단해졌다는 것이다.

이 할머니는 버섯균사체 효소의 예찬론자이자 전도사가 되어 예전의 자신처럼 이가 좋지 않은 주변 사람들, 성당의 나이 든 신자들에게 지금도 버섯균사체 효소를 열심히 소개하고 있다.

어르신들이 가장 많이 앓는 이와 관련된 질환인 치은염과 치조골염은 관절염과 심근경색, 뇌경색의 원인이 되기도 한다. 심할 경우 심장마비가 올 수도 있다. 치은염과 치조골염의 인자가 바로 이 같은 질병을 유발하는 것으로 의학계에 이미 널리 알려져 있다. 그래서 나이가 들수록 이가 건강해야 하며, 이가 좋은 것이 오복五福의 하나를 넘어 이들 현대병을 막아주는 방패인 것이다.

다행히 신은 인간이 나이가 들면 이가 나빠져 고통받게 될 것에 대비해 자연 속에 약을 숨겨 놓고 계셨다. 그것이 바로 버섯이다.

40대 나이에 팔을 크게 다쳐 고생한 75세 된 할아버지 이야기다. 팔을 다쳤을 때는 젊었기 때문에 아파도 참았고 그 후로 큰 불편 없이 살아왔는데 4년 전부터 그 후유증으로 심한 진통이 오기 시작했다.

병원을 찾았지만 이상이 나타나지 않아 약만 먹다가 한방병원에 입원해 한방 치료를 받고 또 물리 치료를 받기도 했지만 아무 소용이 없었다. 거기다 이 할아버지는 어려서부터 기관지가 좋지 않아 기관지 확장증도 앓고 있었고, 특히 겨울이 오면 온몸이 시려서 제대로 잠을 자지 못했다. 이가 안 좋은 것은 물론 기본이었다.

하지만 버섯균사체 효소를 처음 먹자 신기한 일이 일어났다. 새벽 다섯 시에 일어나 버섯균사체 효소 두 가지를 섞어 먹고 공원으로 가서 가볍게 운동을 하는데 심한 기침이 나오면서 온몸이 어질어질 해지더라는 것이다. 거기에다 갑자기 호흡까지 곤란해져 옆에 있던 가로수를 잡고 5분 정도 서서 몸을 진정시키려고 애썼다고 한다. 그

때 갑자기 꽉 막힌 수채 구멍이 뚫리듯 가슴이 확 뚫리면서 정신이 번쩍 들고 머릿속이 그렇게 맑아질 수가 없다고 했다. 그날 이후로 팔의 통증, 기관지, 이가 다 좋아졌고, 겨울이면 온몸이 시리던 증상까지 사라져버렸다.

이것을 믿어야 될지 어떨지 헷갈리고 황당하기까지 할 것이다. 그러나 사실이다. 버섯균사체 효소는 이런 불가능을 가능하게 하는 마력이 있다.

평소 기관지가 좋지 않고 심한 천식 때문에 고생했던 65세 할머니 이야기다. 담배 연기만 맡아도 목이 콕콕 쑤셨고 기침을 심하게 했으며, 후두가 부어 눈으로 목젖이 보이지 않을 정도였고 음식물을 삼키기조차 힘들었다. 뿐만 아니라 협심증이 심해 숨을 쉬기가 힘들었고, 숨을 쉴 때마다 그르렁그르렁하는 소리가 나서 수술까지 받았다. 하루하루가 얼마나 고통스러운지 말로 다할 수 없을 정도였다.

하지만 버섯균사체 효소를 먹기 시작하면서 놀라운 일이 벌어졌다. 할머니는 음식물을 잘 삼키지 못했기 때문에 버섯균사체 효소를 삼키기 좋게 마에 타서 마시기 시작했다. 그랬더니 심했던 기침이 점점 멈추고 목 안에서 쌀알 같은 것이 계속 떨어져 나오더니 후두가 깨끗이 열리면서 목젖도 환하게 드러났다.

버섯균사체 효소를 먹기 시작한 지 7개월, 할머니는 생각지도 않았던 또 다른 보너스를 받았다. 병원에서 목 수술을 한 후 급격히 살이 찌기 시작해 배가 많이 나오고 허리둘레가 40인치를 넘어 바지를 입지 못할 정도였다.

그런데 버섯균사체 효소를 먹자 뱃살이 쑥 빠지면서 날씬하게 변한 것이다. 병원에 가서 검사를 해 보니 근육은 그대로 있고 체지방만 빠진 것으로 나타났다.

실제로 현미효소는 강력한 분해작용으로 불필요한 지방을 분해시키기 때문에 체내 밸런스를 유지시켜 주는 뛰어난 다이어트 효과가 있다.

70세 된 할머니가 발육이 부진하고 정신적 장애를 앓고 있는 40세 된 아들과 함께 살고 있었다. 이 할머니의 가장 큰 고민은 무엇보다 2급 장애인인 아들이었다.

이 아들은 저녁에 음식을 먹다가 체하기라도 하면 아침까지 밤새 걷잡을 수 없이 토하곤 하는데 이런 일이 한두 번이 아니었다. 그러니 아들은 아들대로, 할머니는 할머니대로 얼마나 마음고생이 컸을지 이해가 가고 남는다.

그런데 누군가의 말을 듣고 아들이 체하자 얼른 염성의 버섯균사체 액상효소를 물과 희석해서 맥주잔으로 한 잔을 먹게 했더니 구토가 멈추는 것은 물론 밤새 한 번도 깨지 않고 잠을 자더라는 것이었다.

그 후로도 아들이 체하면 즉시 먹이곤 하니까 예전의 밤새도록 토하는 현상이 사라졌고 아들도 신기해서 어쩔 줄을 모른다고 했다. 얼마나 대단한 일인가.

어떻게 하면
세상을 건강하게
바꿀 수 있을까

이 책을 쓰기까지 많은 시간이 걸렸고, 많은 자료와 많은 사람의 도움을 받았다. 이렇게 할 수 있었던 것은 오직 한 가지, 세상을 이롭게 하면서 사람들을 건강하게 만들고 싶다는 나름의 사명감과 소명감 때문이었다.

어떻게 하면 세상을 건강하게 바꿀 수 있을까 고민했다. 이것은 자연의학과 자연건강법에 눈을 뜨고 현대의학의 허와 실을 알게 되면서 내가 해온 일들의 연장선상에 있었다.

의사나 병을 고치는 사람도 아니지만 건강에 관한 글을 쓰면서 원인 모를 질병으로 고통받고 있는 많은 사람이 어떻게 하면 건강을 회복할 수 있을지 고민 아닌 고민을 많이 했다. 평소 건강한 나에게 이들은 항상 큰 연민의 대상이었다.

위장의 기능이 좋지 않아 어렸을 때부터 소화제를 달고 사는 사람이 있다. 음식을 제대로 먹지 못해 몸이 미안할 정도로 많이 마르고, 이로 인해 평생토록 콤플렉스에 시달리며 살아온 사람도 있다. 남들은 살을 빼지 못해 안달이지만 도무지 살이 찌질 않아서 살찌는 것이 평생 소원인 사람도 있다. 원인을 알 수 없는 난치병과 불치병에 시달리며 평생 자신의 운명을 원망하는 사람도 있다. 집안에 건강식품이 없는 게 없고 안 먹어 본 건강식품이 없는 사람도 있다. 건강을 찾기 위해서 건강 서적이라는 건강 서적은 닥치는 대로 사서 읽고 집에 꽂혀있는 책만 수십 권이나 되지만 그 어디에서도 해답을 찾지 못해 방황하는 사람도 있다.

이들의 고통은 경험해 보지 않는 사람은 모른다.

그렇다면 누가 이들을 구할 것인가.

이들 가운데는 놀랍게도 과학적, 의학적, 영양학적으로 인정하지 않는 산야초 발효액과 현미효소 등 효소 식품으로 건강을 되찾은 사람이 많다. 이들은 효소가 만병통치약은 아니지만 자신 스스로 건강을 지킬 수 있도록 만들어 준 길잡이이자 최고의 도우미라고 말한다. 실제로 소화제보다 못하다고 했지만, 결국 약도 병원도 해결해 주지 못한 문제를 해결해 준 것은 현미효소였다.

누군가는 설탕물이라고 했지만 자신의 난치병을 낫게 해준 것은 약도 병원도 아닌 산야초 발효액이었다는 사람들의 이야기가 자꾸 귓가에 맴돈다. 이것이 미생물과 발효의 힘이고, 이것을 많은 사람에게 더 널리, 더 정확히 알리기 위해 이 책에 심혈을 기울였다.

세상에서 가장 작은 미생물이 자연과 환경, 국토와 사람의 건강을 살리고 세상을 바꾸고 있다. 과학의 발전에 따라 산야초나 EM, 버섯의 생화학적 성분과 효능이 더 자세히 밝혀지고, 현대의학으로 해결 못하는 난치병과 불치병의 구원투수가 될 것이라는 확신을 갖고 이 책을 집필하였다.

많은 난치병, 불치병 환자가 효소 식품으로 희망을 찾았다면 현대과학과 현대의학은 이것을 인정하고 체계적으로 연구 발전시켜 국민 건강에 이바지하는 길을 찾아야 한다. 그리고 우리 국민들도 더욱 현명해져야 할 필요가 있다.

이 책을 쓰면서 내가 새롭게 발견한 것은 그동안 모르고 있었던 것을 뒤늦게 깨달은 것뿐이었다. 우리가 그동안 효소에 대해 혼란스러워했던 것은 미생물과 발효를 몰랐기 때문이었다.

세상에는 하나를 알고 둘은 모르는 사람이 많다. 효소에 대해 안다고 말하는 사람들의 이야기도 연구실 속의 효소나 경험적 효소, 상술적 이용의 효소가 많았다.

세상에는 각종 정보가 넘치고 있다. 넘쳐나는 정보도 사람들을 혼란스럽게 만든다. 이 책을 쓰게 된 것도 한 사람의 정보전달자로서 보다 정확한 정보를 전달하기 위함이었다.

효소 식품은 유행이 될 수가 없고 되어서도 안 된다.

건강을 잃고 고통 속에서 살아가는 사람들에게 건강을 되찾아 주며 무엇보다 건강하고 인간다운 삶을 살아가게 만드는 영양소로써 더 발전시키고 생활 전반에 확산시켜 나가야 한다. 나는 그런 세상이 올 것으로 굳게 확신하고 있다. 이 때문에 그동안 많은 책을 집필했지만 이 책처럼 오랜 시간에 걸쳐 자료를 수집하고 생생한 경험과 분석을 통해 심혈을 기울여 집필한 책도 없다.

그만큼 조심스러웠지만 쓰는 내내 보람과 희열도 컸다. 이 책에 실린 내용은 10여 년에 걸쳐 내 온몸으로 취재해 온 결과물이라고 감히 말씀드리고 싶다.

끝으로 읽어 주신 모든 분께 감사드린다.